1

러시아 | *Russia*

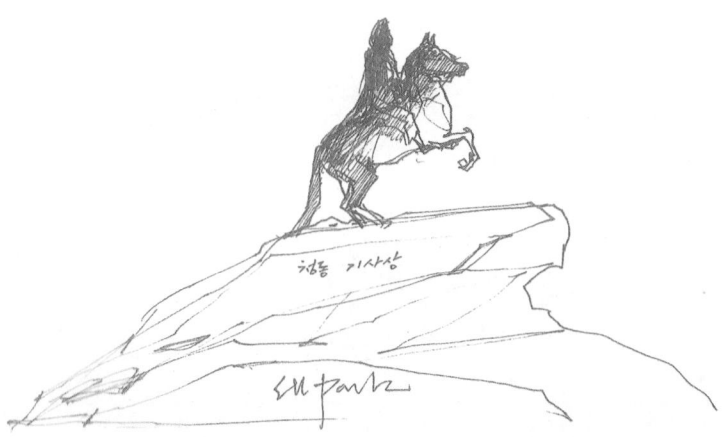

청동 기사상

박성현의 여름 Sketch

2005년 여름은 새롭게 가보는
Balt 3국 Estonia, Latvia, Rituania
로 向하는 마음에 가슴이 벌써부터
꿈꽝거린다.

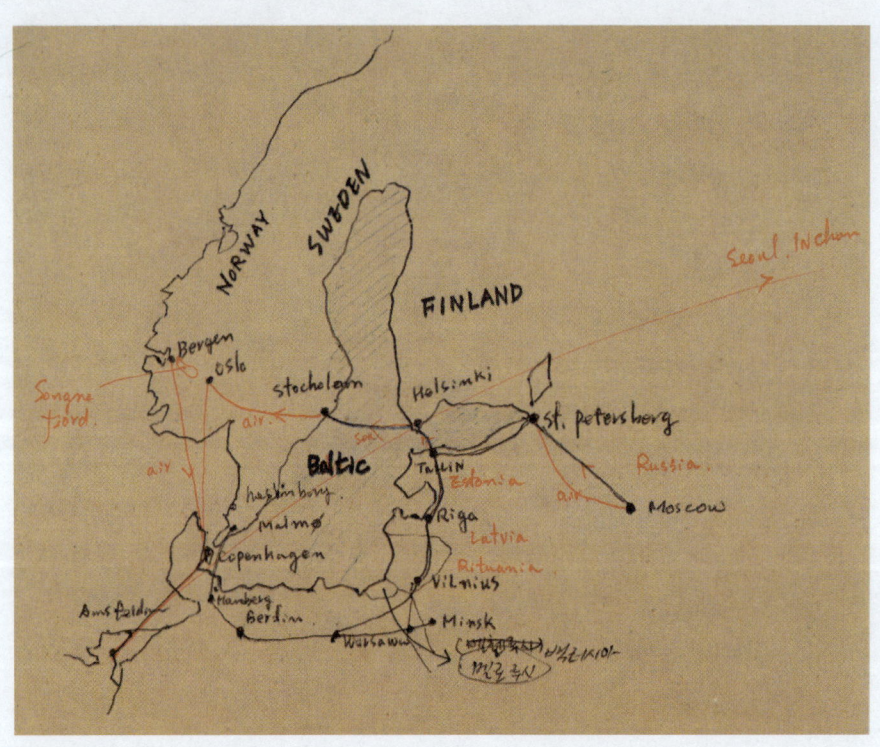

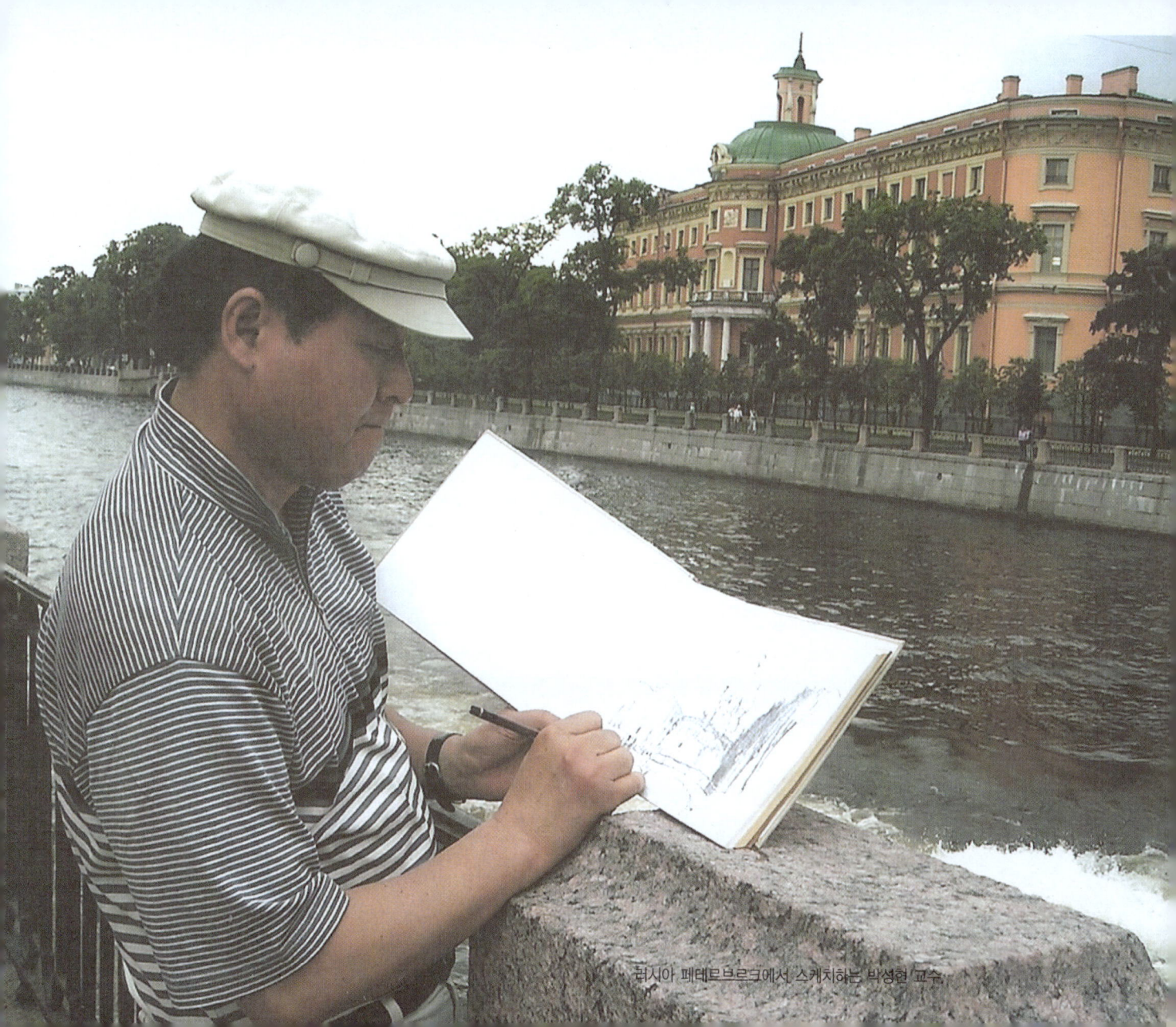

러시아 페테르브르크에서 스케치하는 박성현 교수.

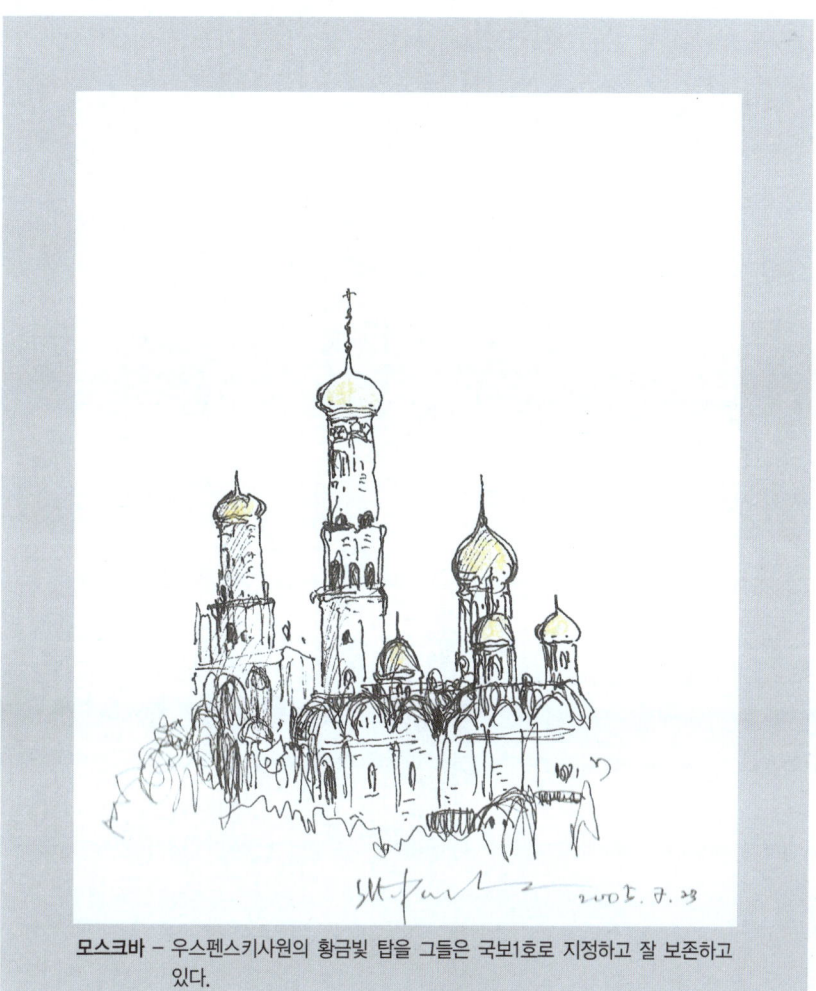

모스크바 – 우스펜스키사원의 황금빛 탑을 그들은 국보1호로 지정하고 잘 보존하고 있다.

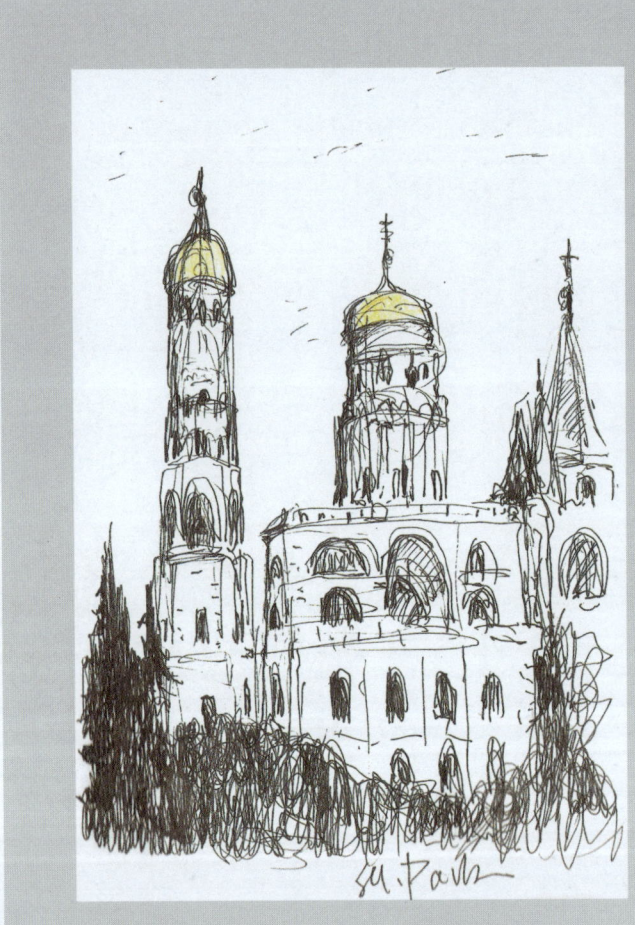

모스크바 – 이반 대제의 종탑(시간을 따라잡기 위해 움직이며 스케치).

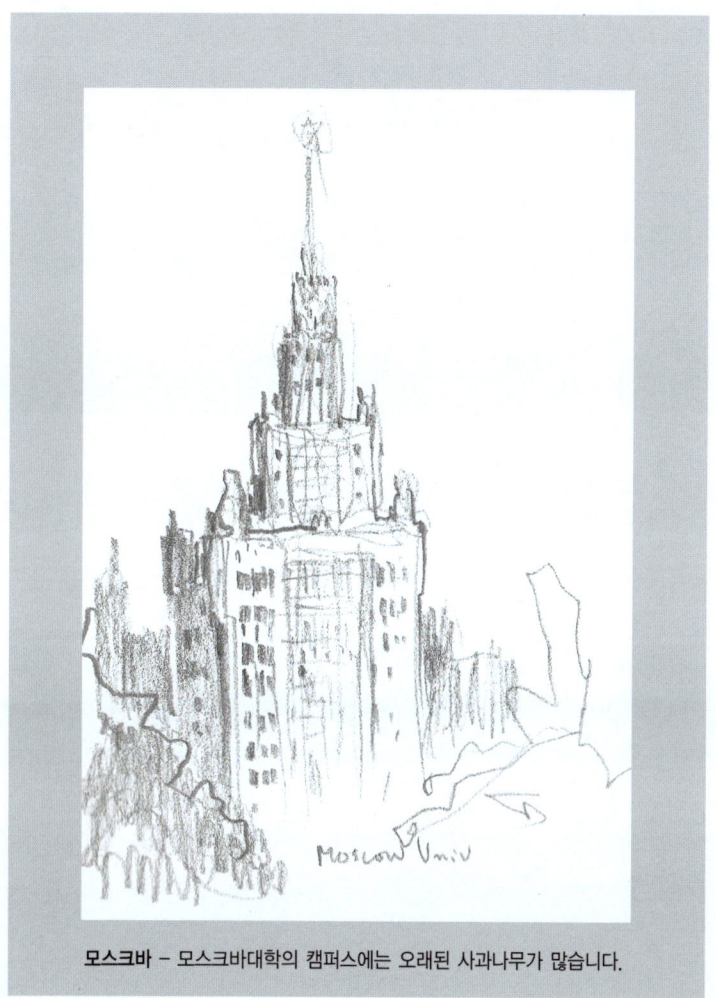

MOSCOW Univ

모스크바 – 모스크바대학의 캠퍼스에는 오래된 사과나무가 많습니다.

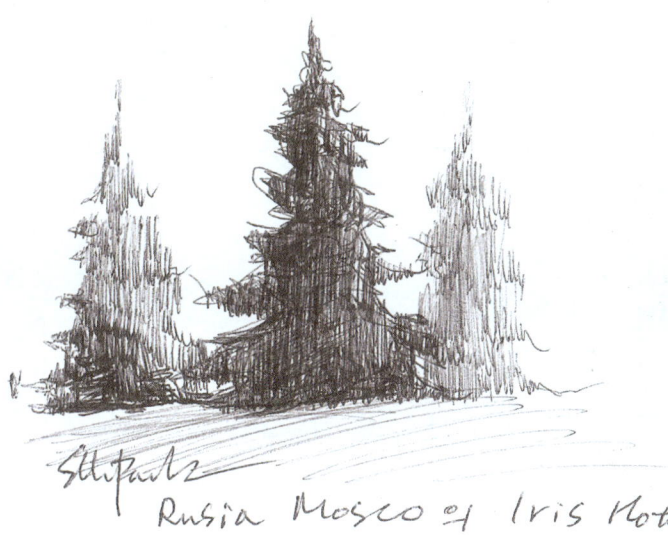

Rusia Mosco의 Iris Hotel

2005. 7. 23   백야아침은 고요하게
가문비나무 에 이슬이
맺히면서 시작된다 ―

10. KOROVINSKOE CHAUSSEE, MOSCOW, 127486, RUSSIA
TEL +7 (095) 933 05 33, FAX +7 (095) 937 87 00, RESERVATIONS +7 (095) 937 60 30
www.iris-hotel.ru

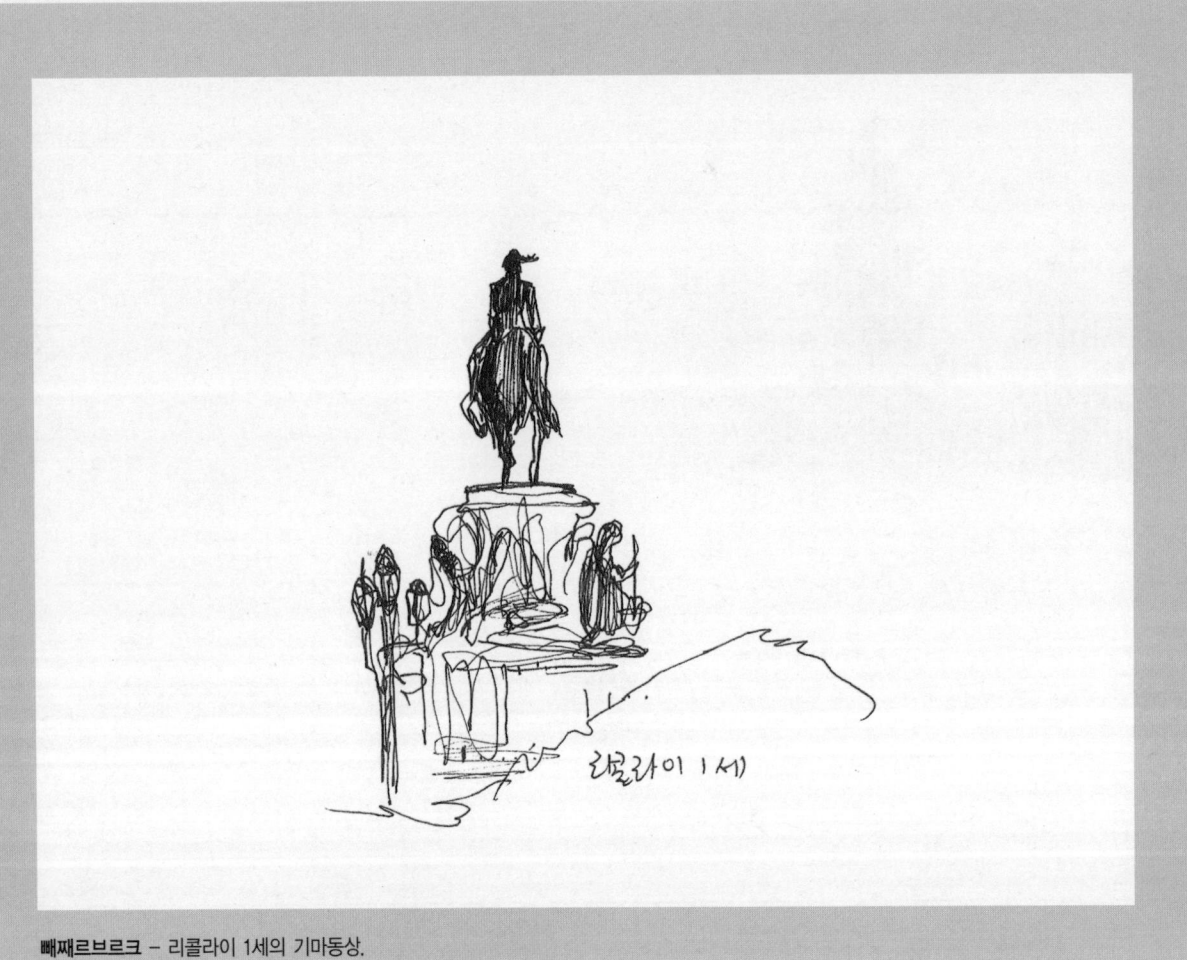

빼째르브르크 – 리콜라이 1세의 기마동상.

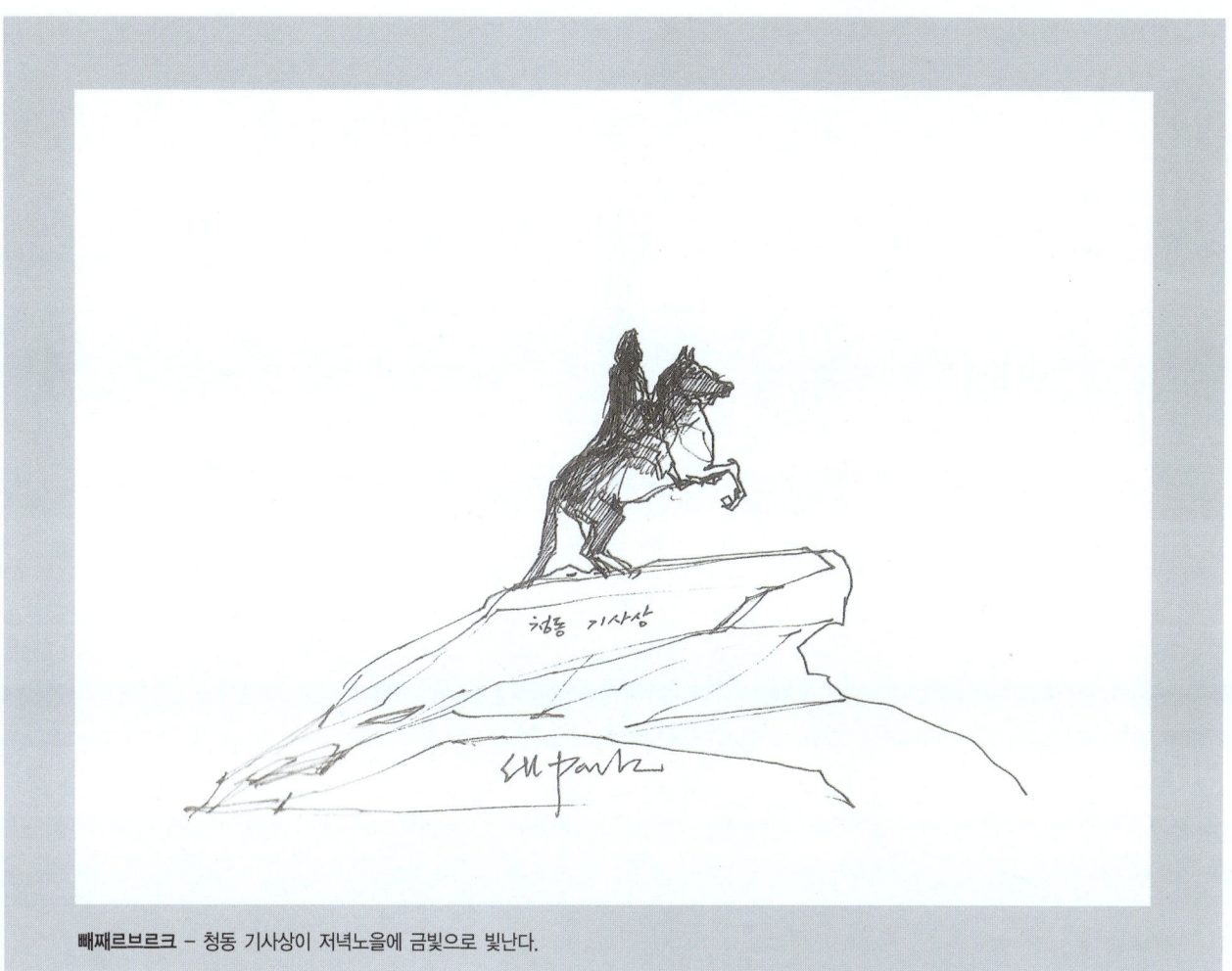

빼째르브르크 – 청동 기사상이 저녁노을에 금빛으로 빛난다.

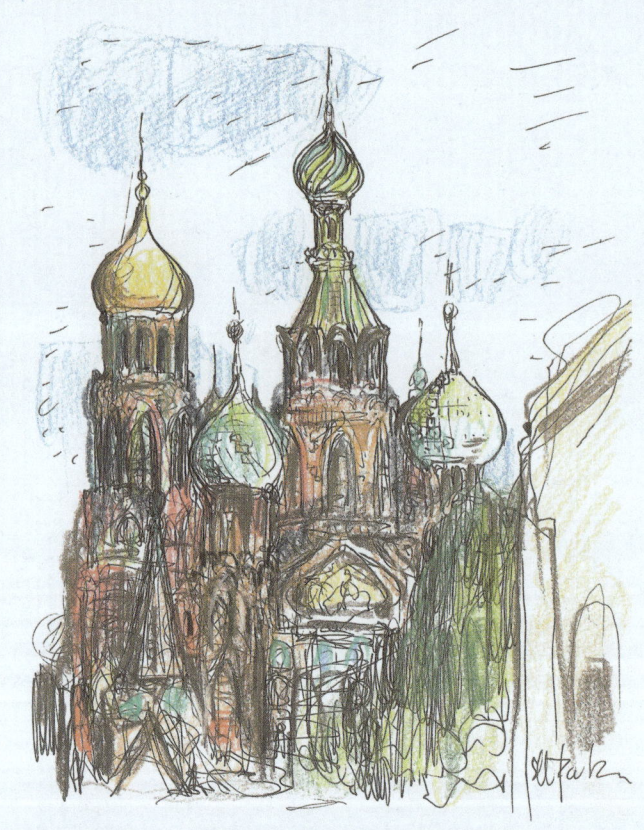

빼째르브르크 – 카잔 성당.

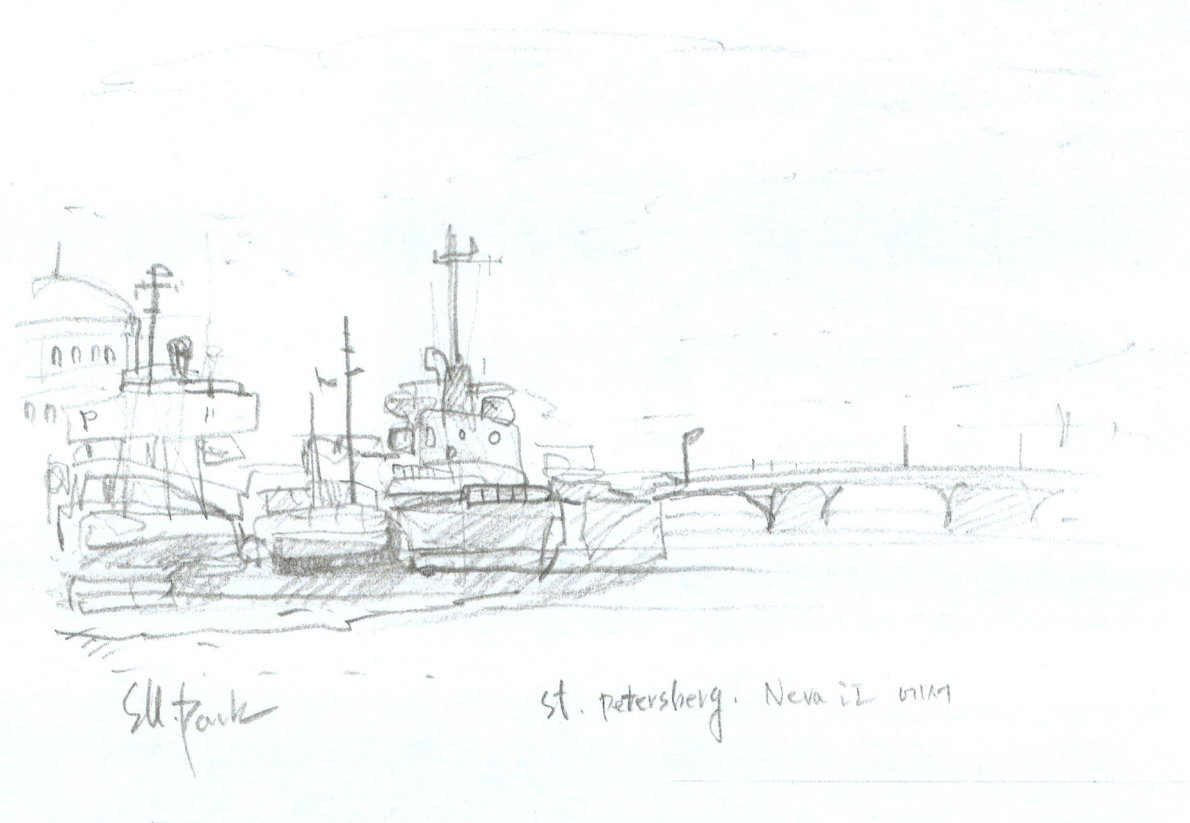

Ell Park

st. petersberg. Neva 江 07/07

– Neva 江 –

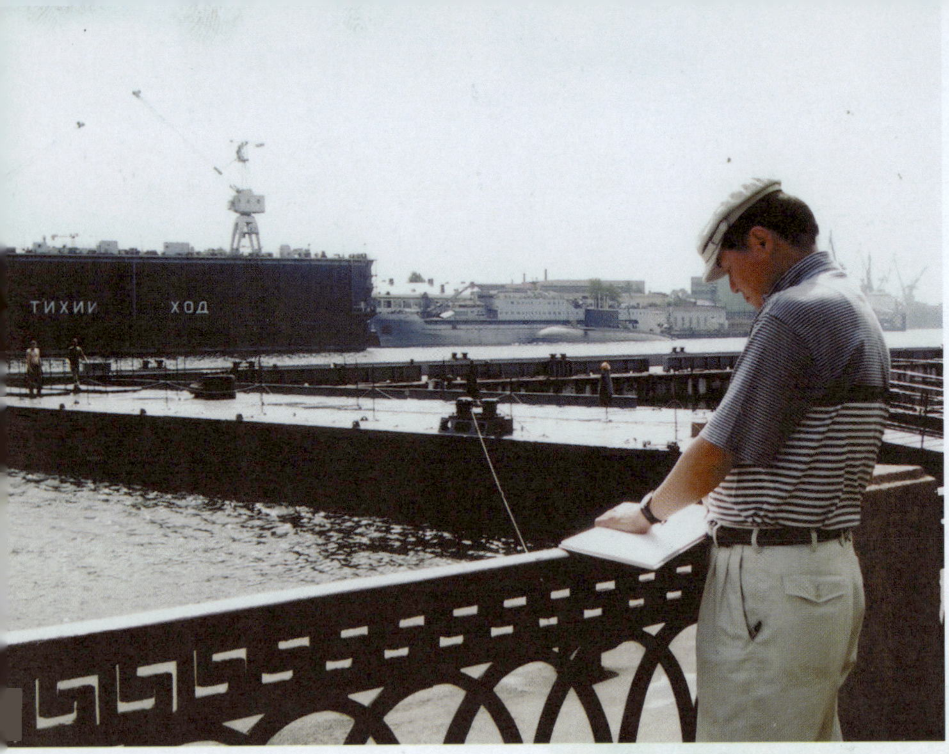

ТИХИИ ХОД

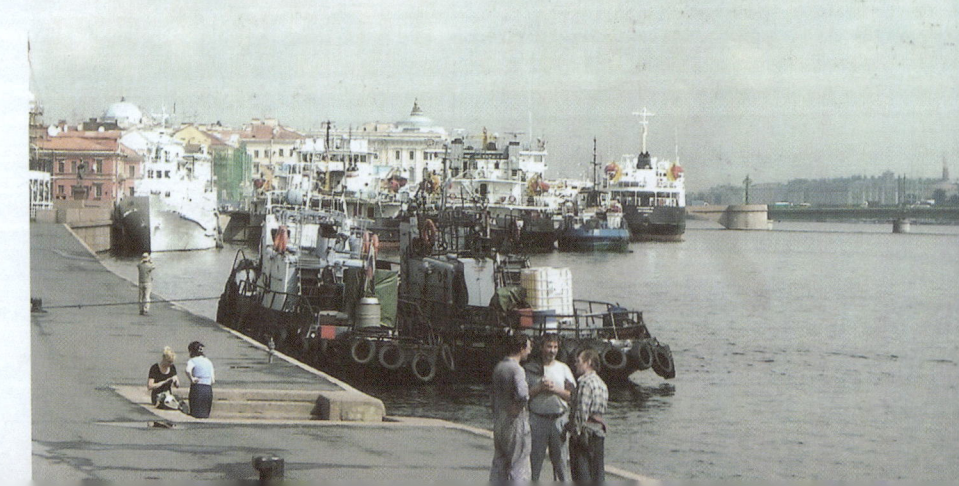

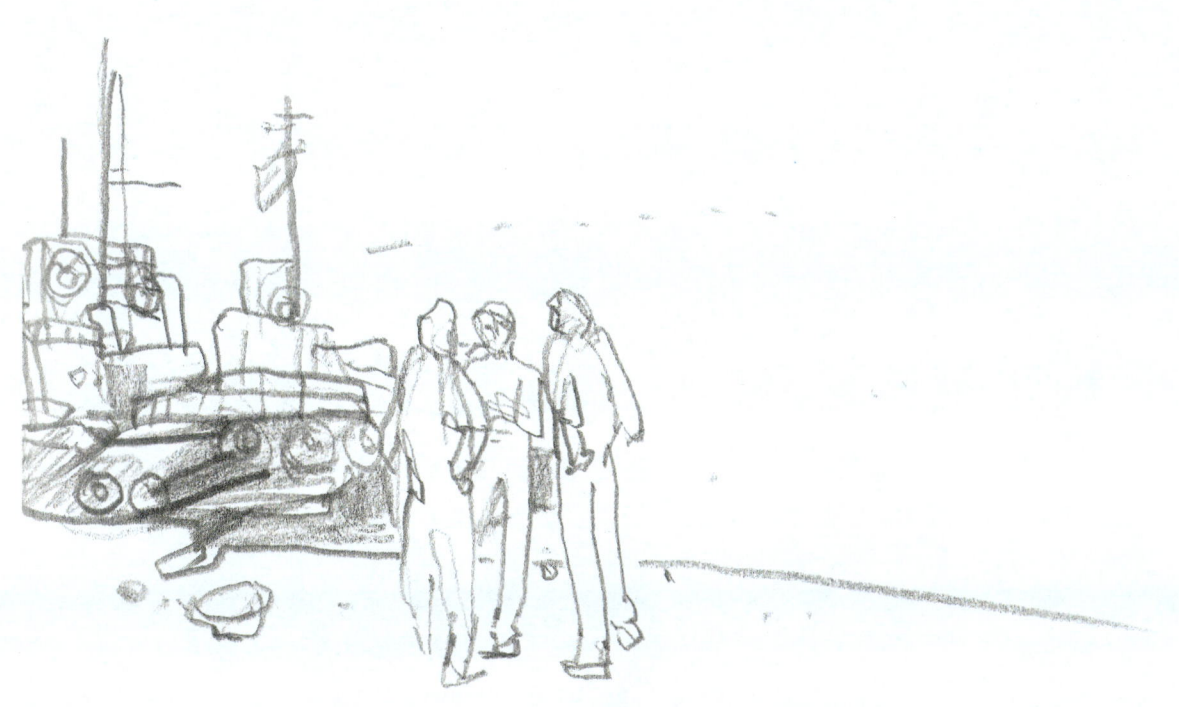

Petersberg 의 Neva강 가에서

– Neva 江 –

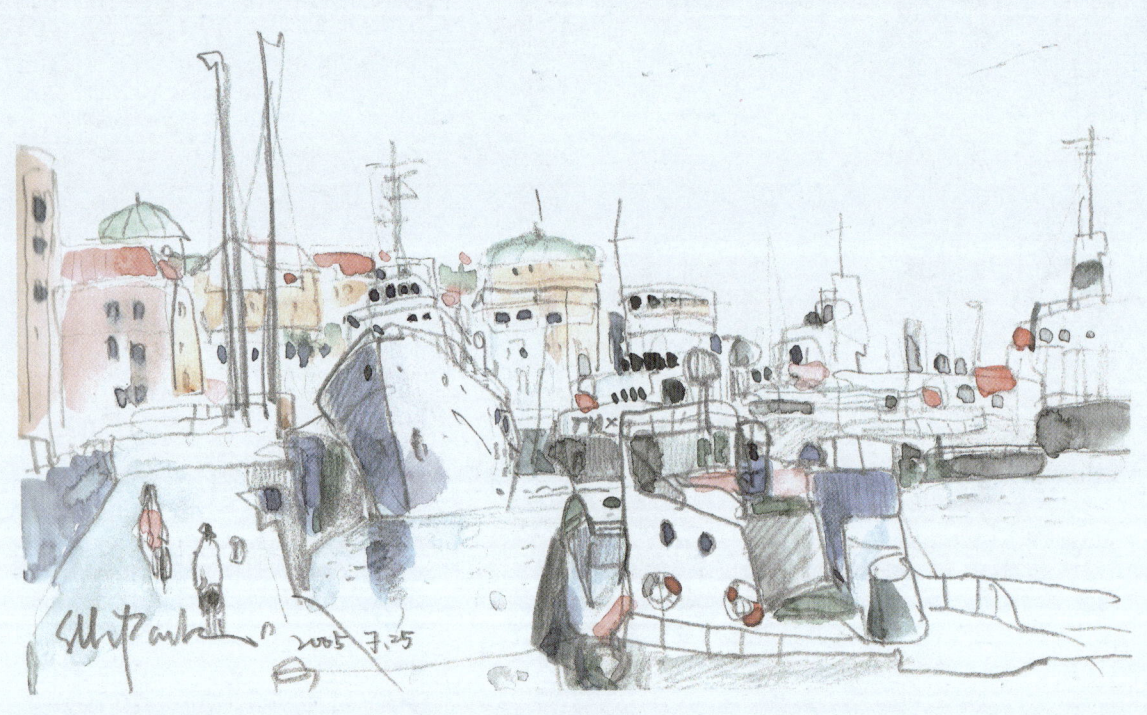

네바 江의 정박중인 여객선들.

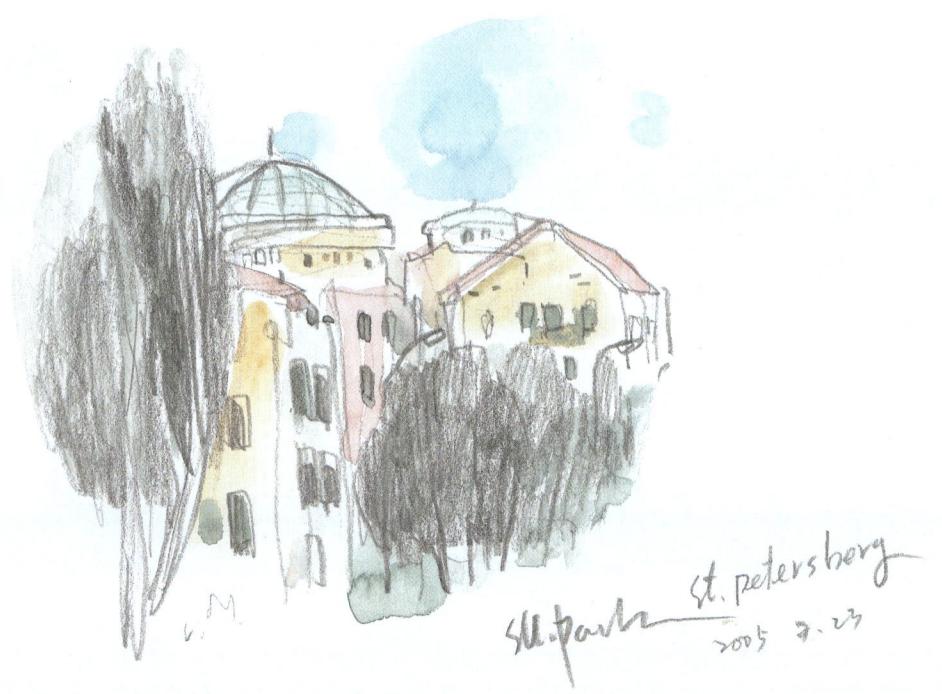

st. petersberg
2005. 7. 23

페테르브르크 – 국립발레극장.

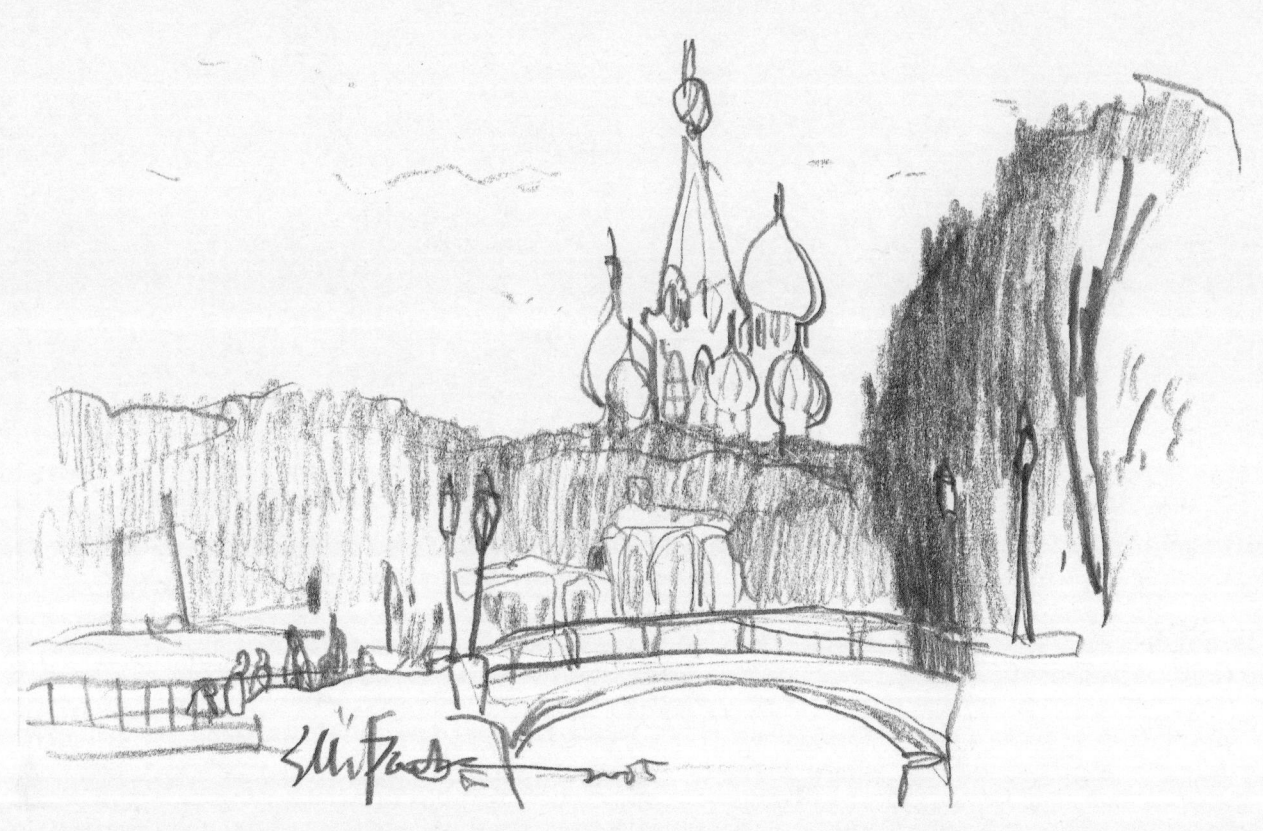

페테르브르크 – 멀리 카잔 성당이 보인다.

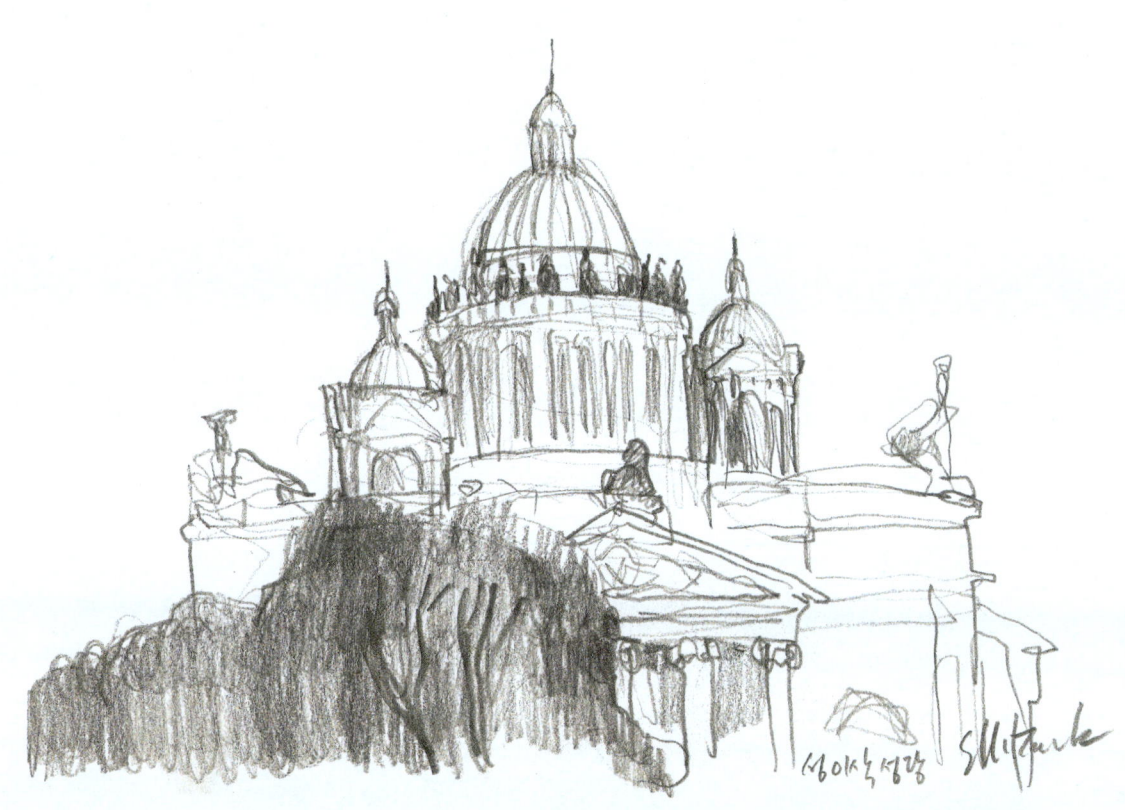

페테르브르크 – 성이삭성당.

2

발트3국 라트비아 | *Ratvia*
리투아니아 | *Lithuania*
에스토니아 | *Estonia*

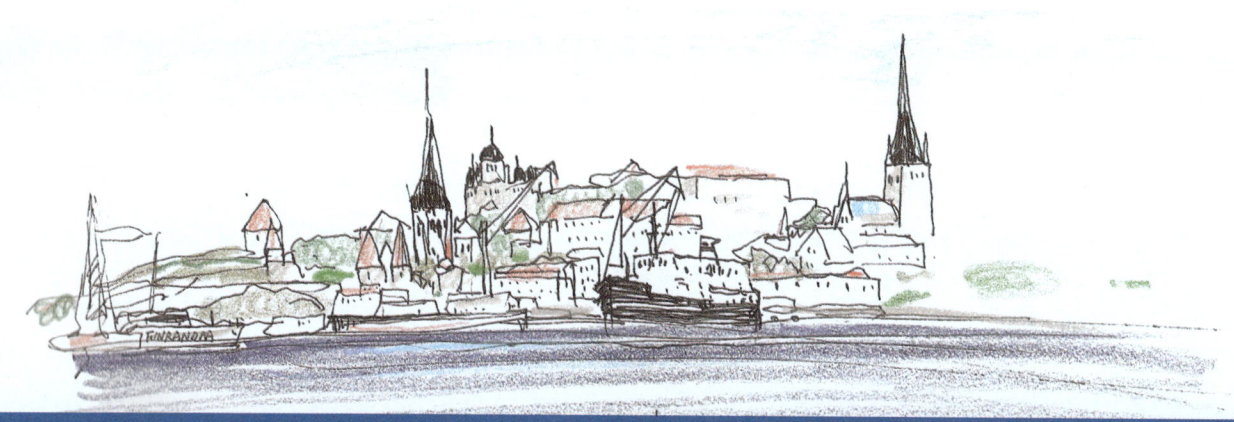

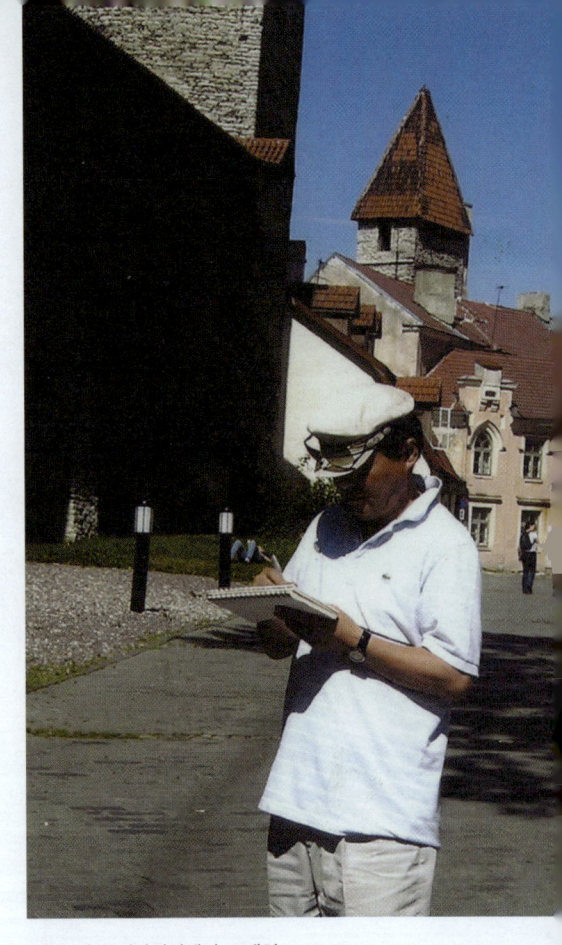

Tallin의 구시가거리에서 스케치.

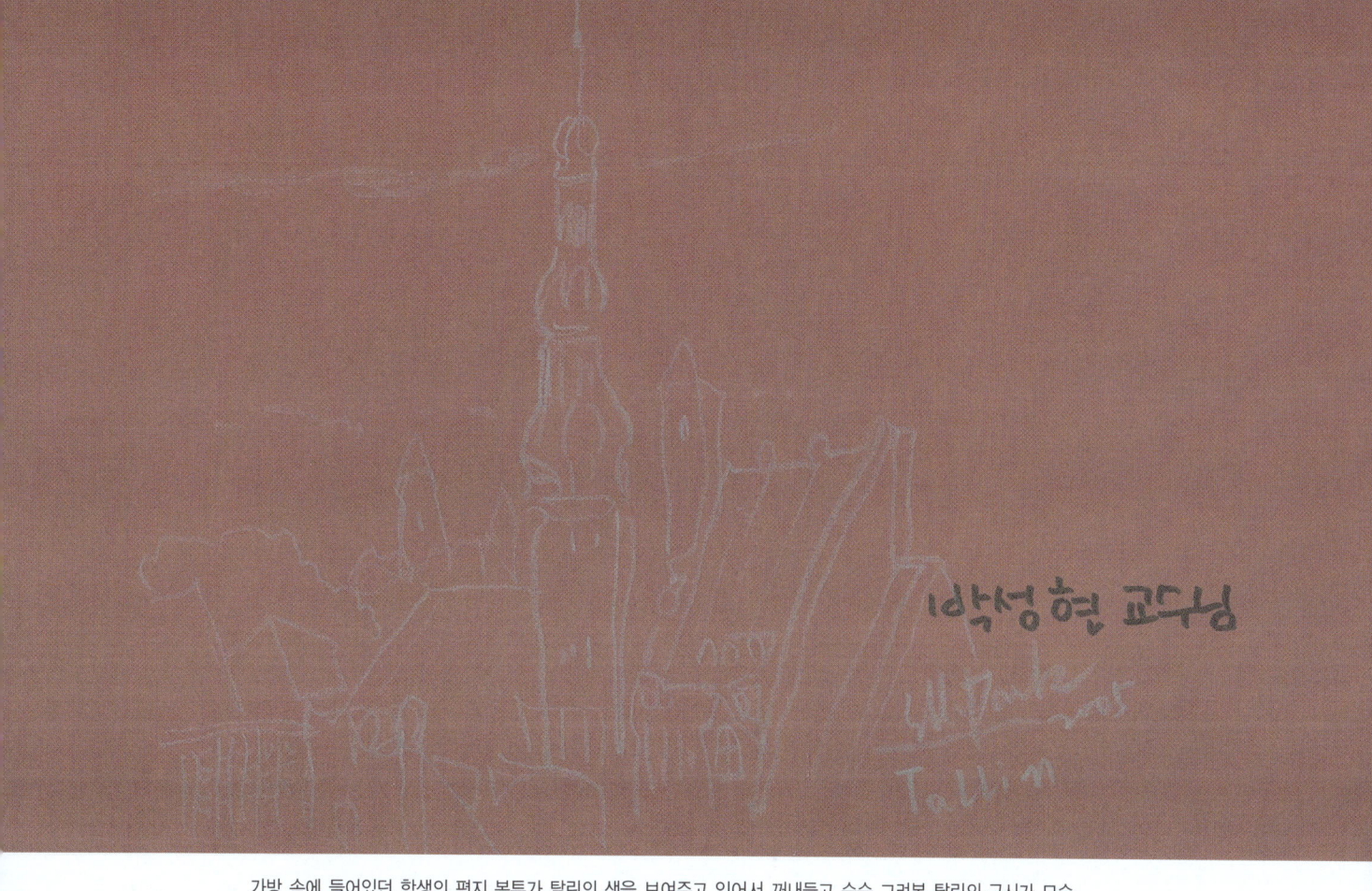

가방 속에 들어있던 학생의 편지 봉투가 탈린의 색을 보여주고 있어서 꺼내들고 슥슥 그려본 탈린의 구시가 모습.

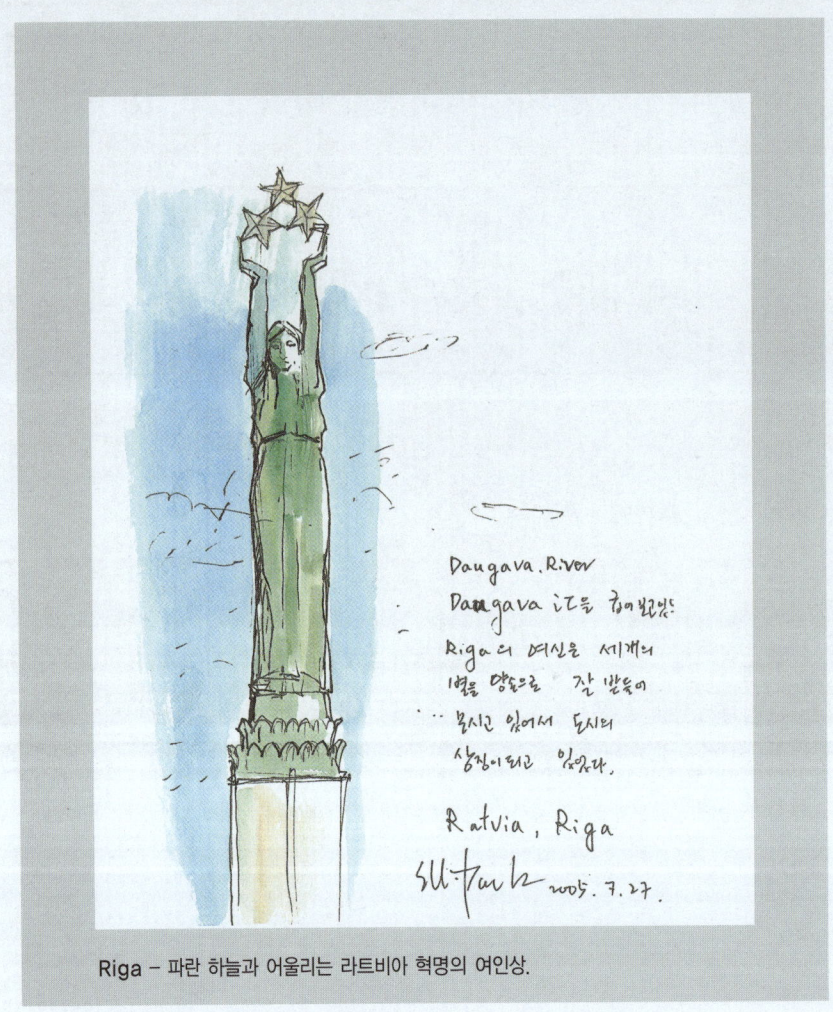

Daugava. River
Daugava 江 는 힘 의 보 냄 ㅎ
Riga 의 여신 은 세계 의
1 별 을 양 손 으로 잔 받 들 어
... 모 시고 있어서 도시 의
상징 이 되고 있었다.

Ratvia , Riga
SS.Park 2005. 7. 27.

Riga – 파란 하늘과 어울리는 라트비아 혁명의 여인상.

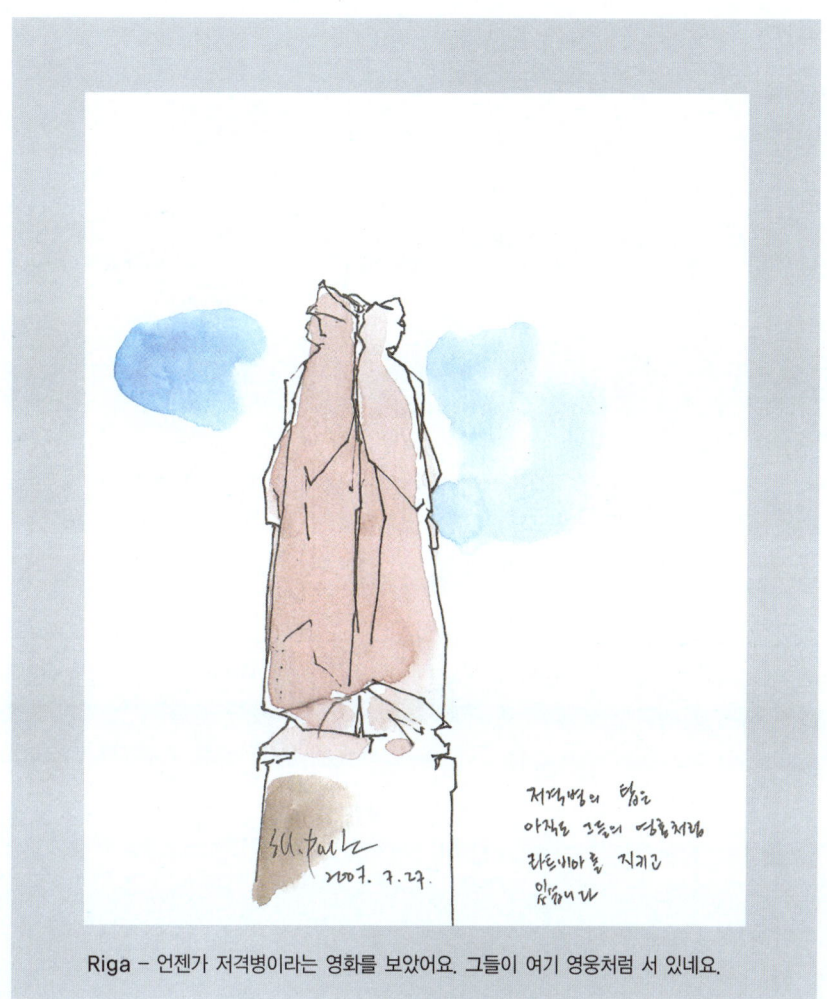

저격병의 탑은
아직도 그들의 영혼처럼
라트비아를 지키고
있습니다

श्री Valia
2007. 7. 27.

Riga – 언젠가 저격병이라는 영화를 보았어요. 그들이 여기 영웅처럼 서 있네요.

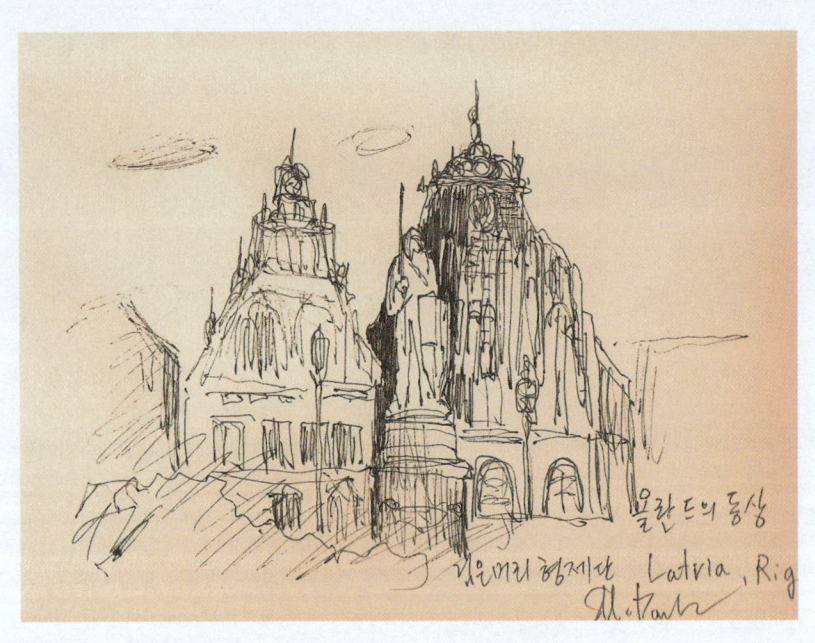

리가 − 욜란드의 동상이 있는 광장.

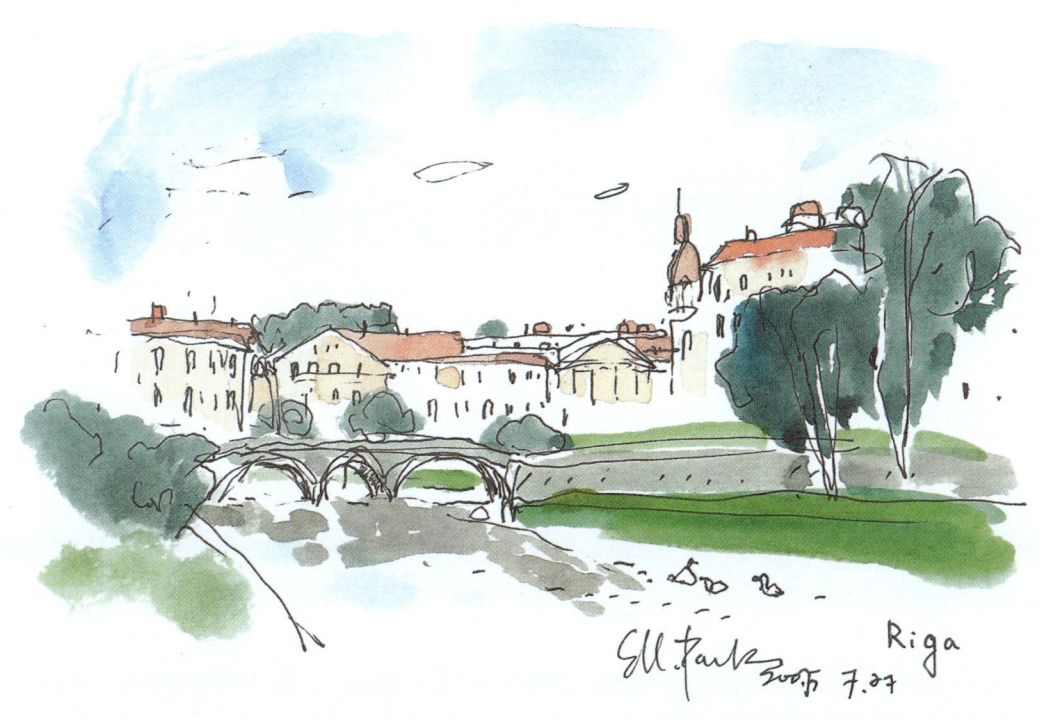

Riga

Riga – 국립미술관 앞의 아름다운 운하에 오리가 헤엄치고.

HOTELL DZINGEL

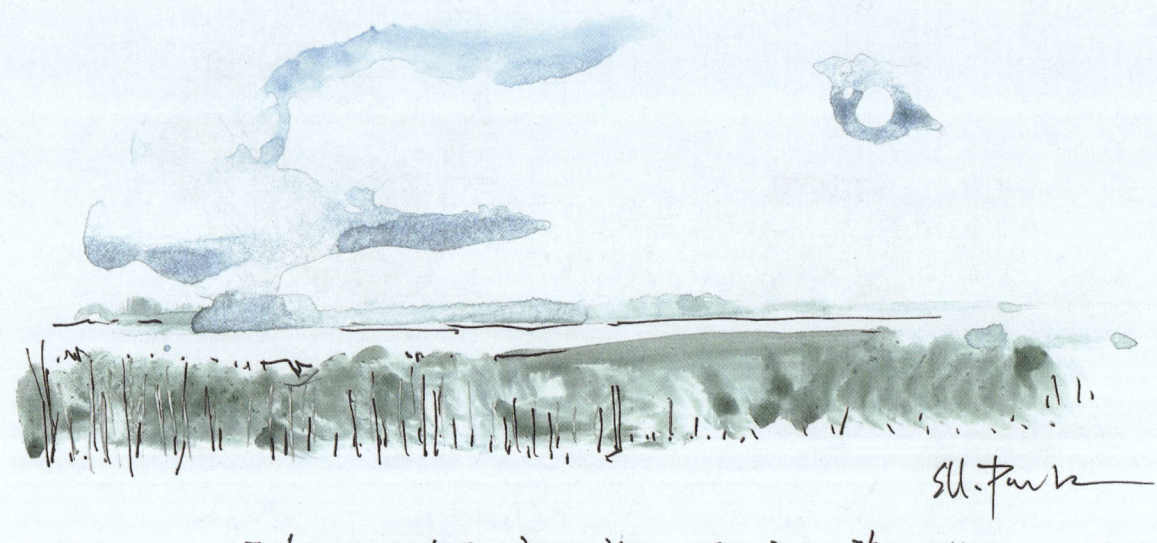

Estonia 의 검은숲은 호수다. 하늘과 그들의 국기와 같은 마음으로
나를 끝에들이고 있습니다.

Estonia - 백야와 자작나무가 빼곡한 숲은 밤 12시를 가르키고 있다.

Ell.Parks 2005. 7. 27
Estonia. Talin

- Estonia -

HOTELL DZINGEL

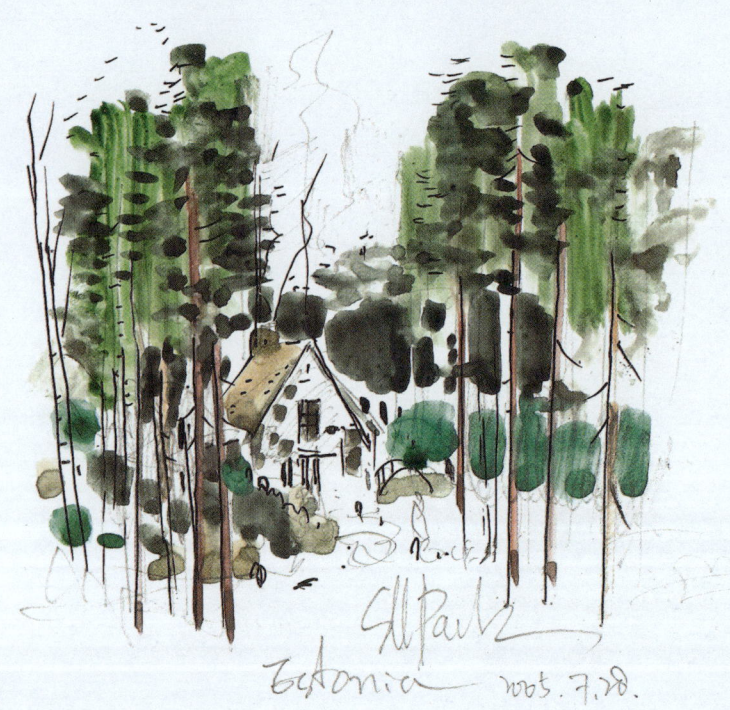

백야의 나라 에스토니아 로 들어오니
발틱海에서 부는 바람 이 꽃끝을 청화게
하고 소나무 숲속의 머금 벽장에서 굴뚝에
하얀 연기가 모락 모락 나고 있었습니다
나그네가 목원 선생의 시를 보고
있습니다
가끔 나무 탁특어가는 삐삐치카 에서
그들은 결코 길지 않은 밤을
지새며 태양의 이야기를
하고 있을것 입니다

ElPark
Estonia   2005. 7. 28.

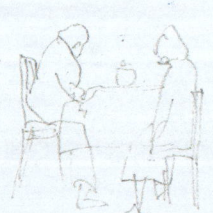

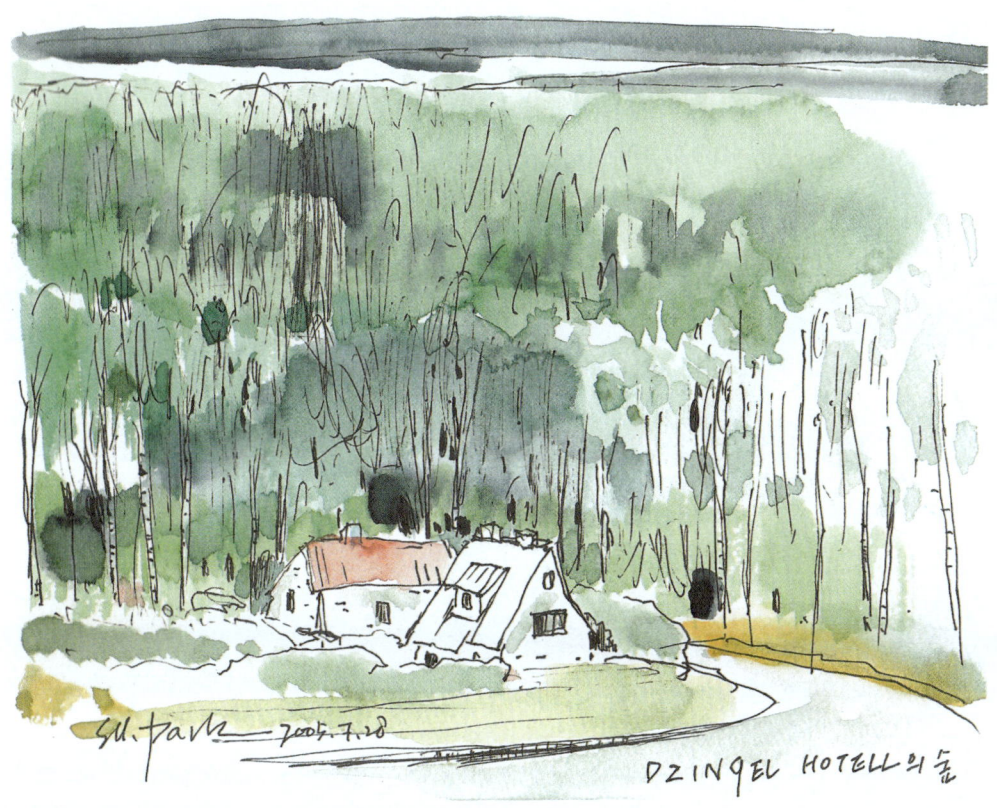

DZINGEL HOTELL의숲

- Estonia -

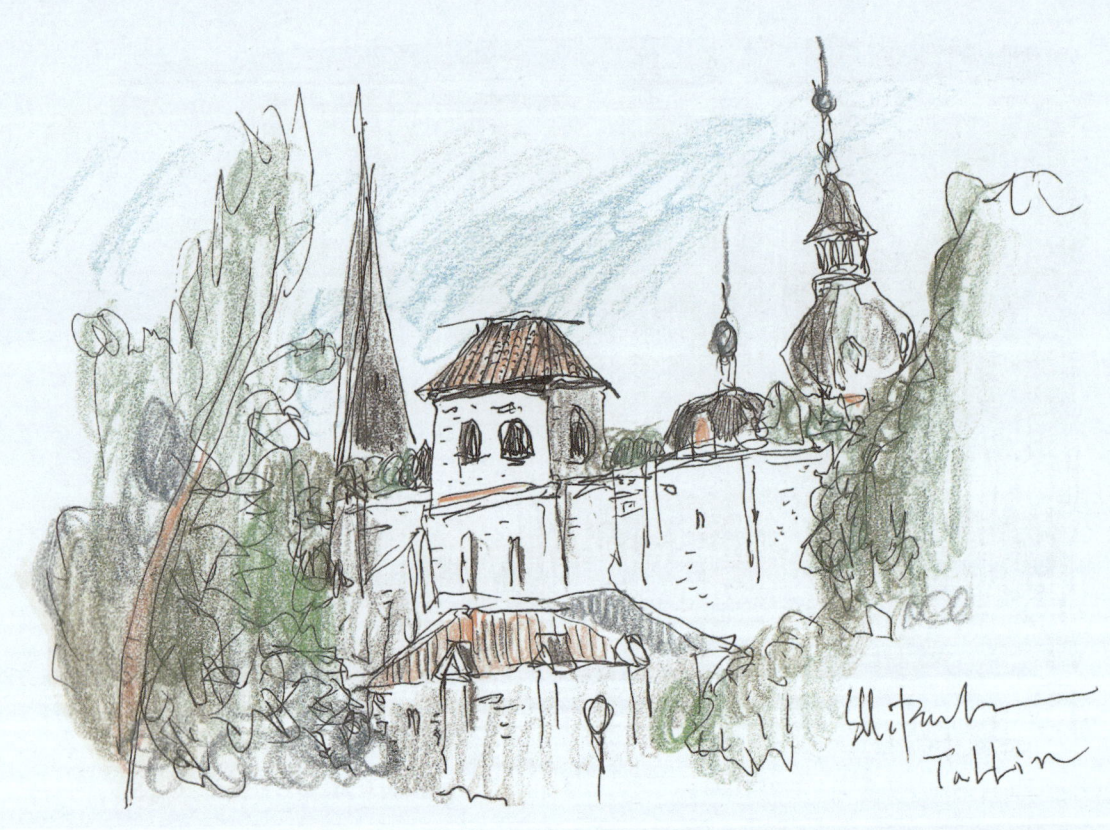

탈린 – 아랫마을 성채, 그들 이야기로는 상인들이 살았던 곳이라고.

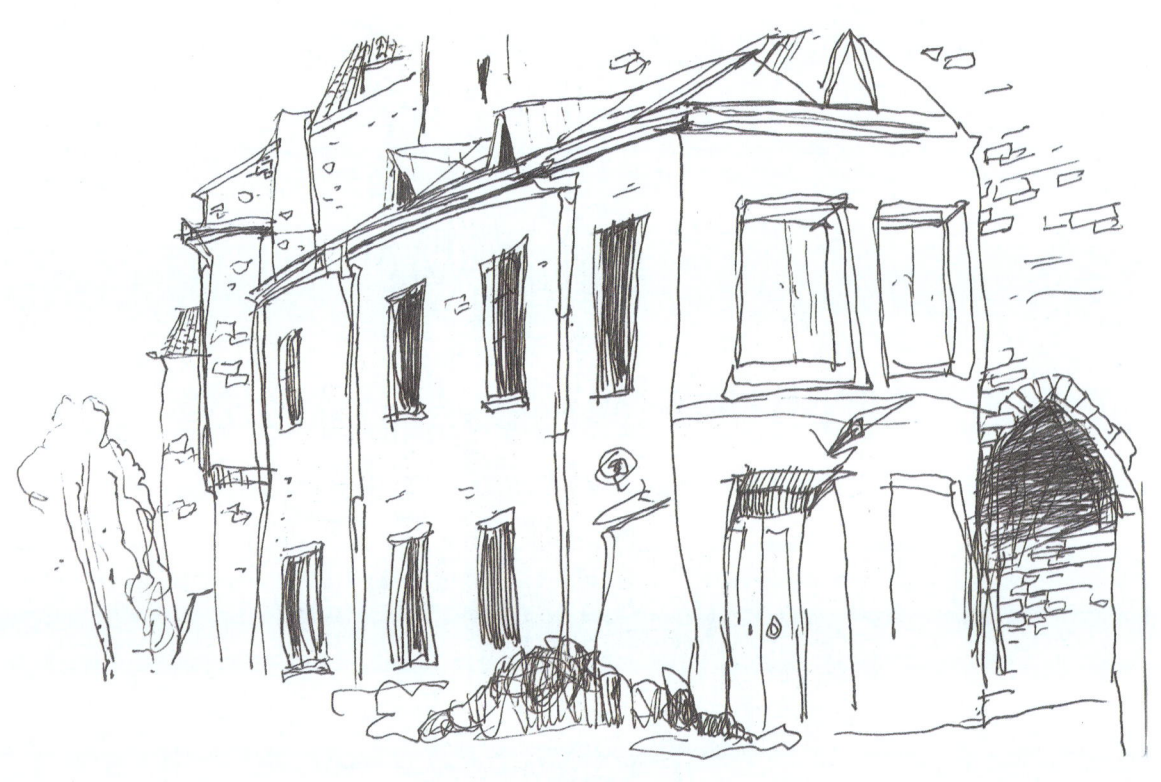

탈린 - 골목마다 정겹게 쌓아올린 고가가 아주 이채롭다.

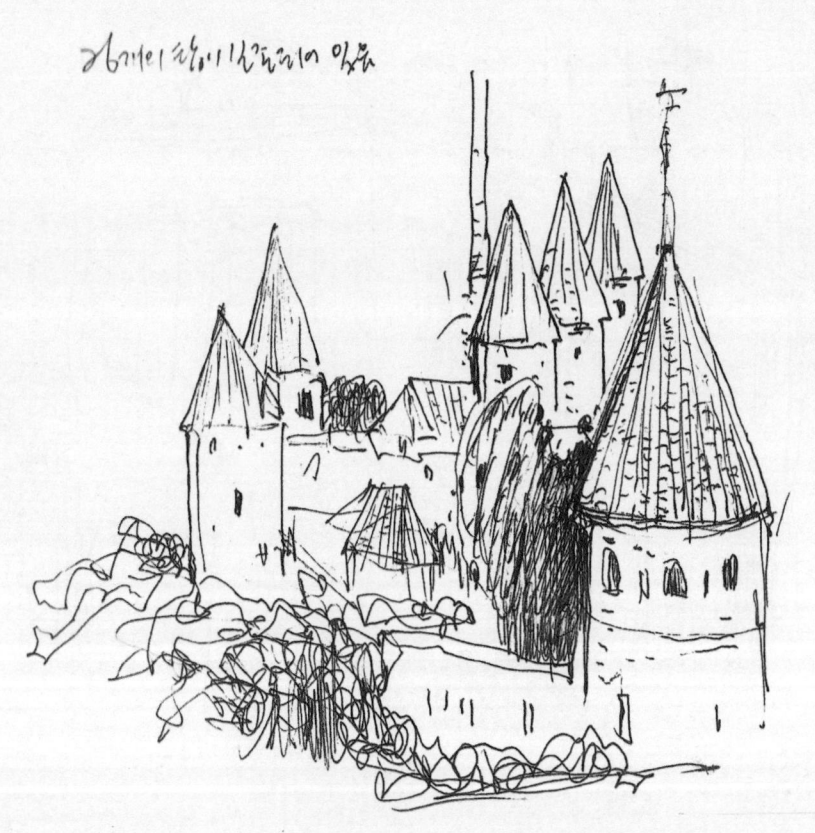

탈린 – 반달삼각뿔 모양으로 지어진 성채의 탑.

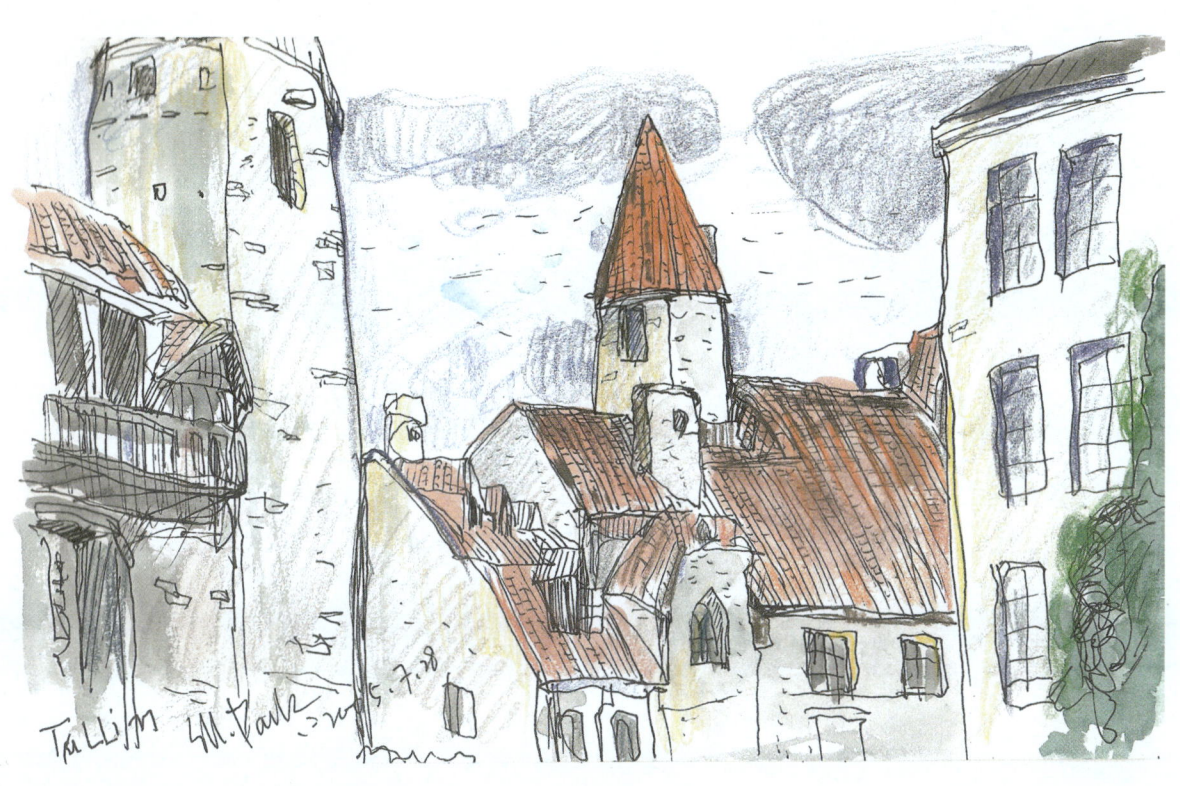

탈린 – 저 급한 경사의 지붕에서 미끄러지면 어떡하나.

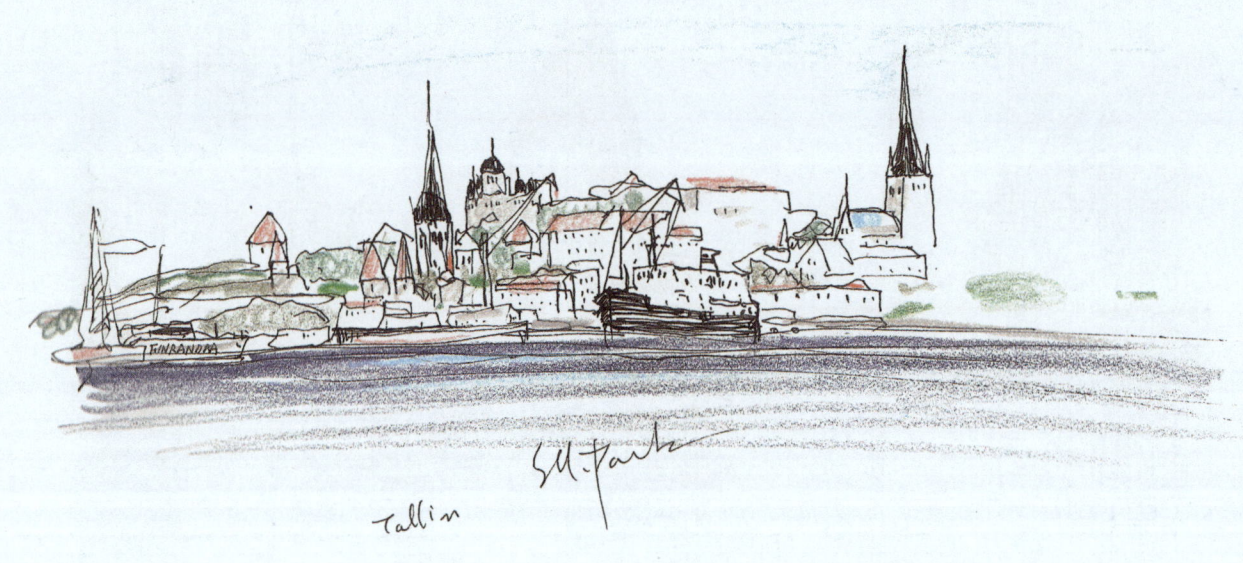

Tallin

탈린 – 발트해의 검푸른 바다에 하얀 성채가 파도처럼 부서진다.

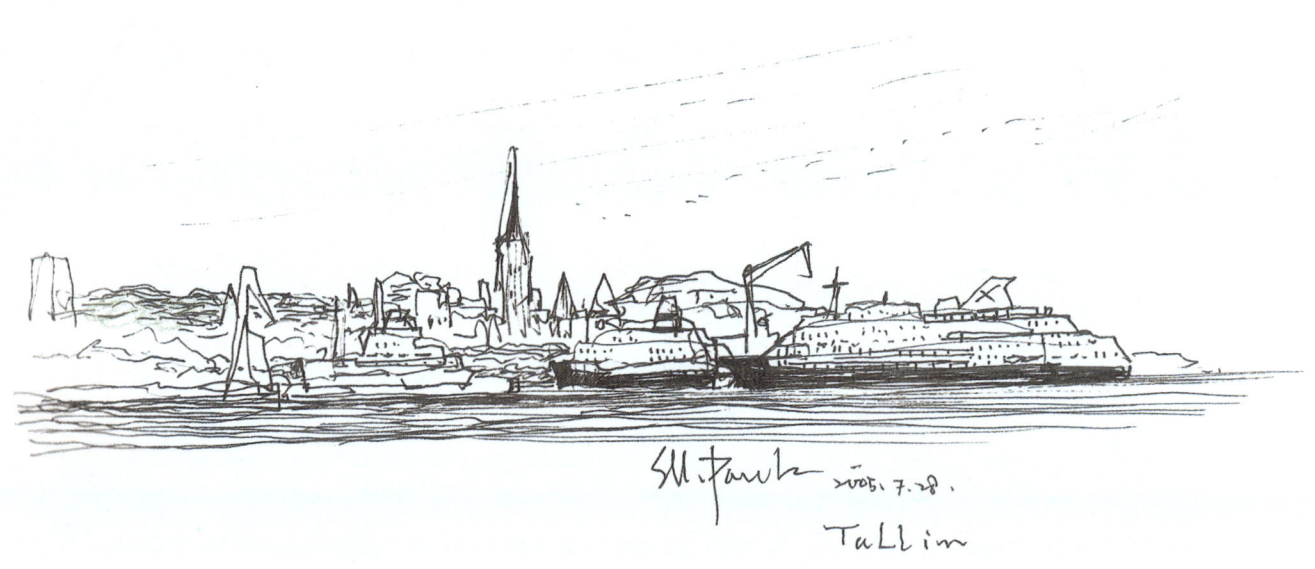

탈린 – 이곳에서 필랜드를 向해 저 큰배를 타야 한다.

오늘이 벌써 여행으로 떠나온지 일주일이 다 되어가는 것 같은데
맞는지요. 께끄러 거슬러 올라가면 Tallinn 에서 Liga 에서,
다시 기차에서 하루밤. Petersburg 에서 이틀 Moscow 에서
계산해보니 오늘 밤이 일곱밤인데 밤인지 낮인지 분간이
안가는 Helsinki 에서의 밤이요.
하루종일 걷고 Sketch 하고 고도(古都)를 모르내리고 떤 배를
타고, 가방 둘러서 시간을 둘러하고 유색인종 온 이곳으로 →
라고 표현되는듯 한 다른국가 사람들 둘로. TV /사 둘로 거북이
꼭 도장을 찍고 멀쩡 빤히 들여다 봅디다.
이곳 Finland 에 오기 전에 우리 일행은 Estonia 의 Tallinn 에서
都市의 아름다움에 푹 빠졌다 왔습니다. 그 Old Town 에서
먹는 점심식사 또한 멋진 식사로 기억되는데 고기맛이 제사때의
가장먹고 싶었던 산적 맛이었오. 고기맛을 근사하고 라도
Tallinn 은 중세때 부터 유럽의 여러국가가 욕심을 내고
싶었던 나라였을 것이라는 것이 그곳이 러시아로 들어가는
통로였다는 것이였오. 모든길이 그곳으로 있어요. 그래서
덴마크 인들이 사는곳 이라는 이름의 Tallinn 이 되었다는
것입니다.

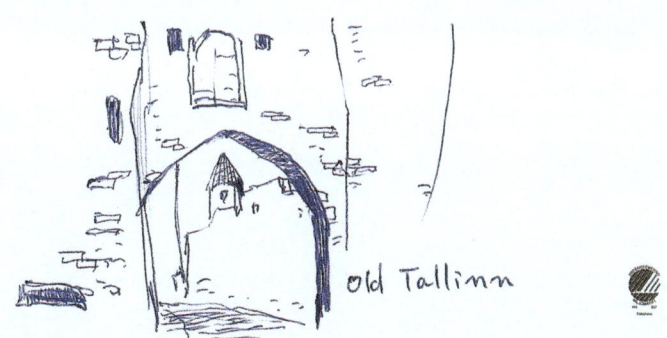

Old Tallinn

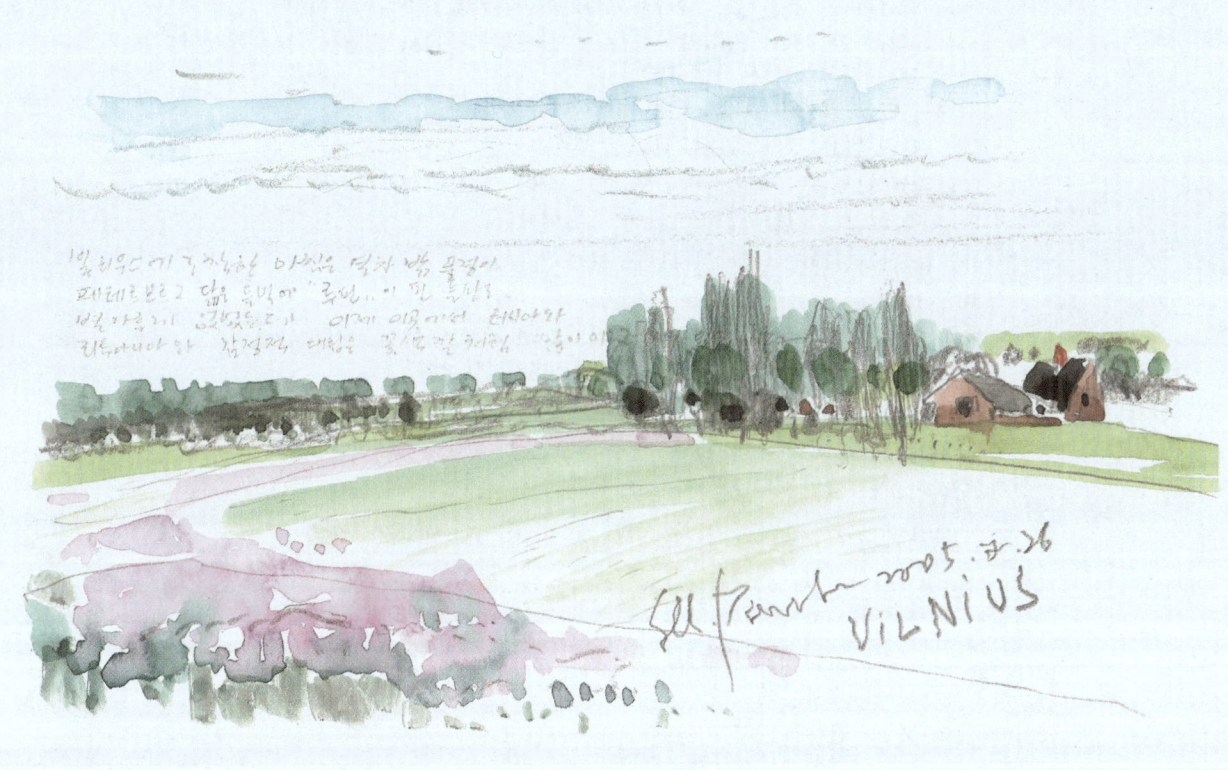

발트3국에서 가장높은 아침을 떨쳐 밤 물결이
페테르부르크 담을 돌벽에 "로막... 이 민 토벽의
비추기를기가 얼벗멌드기 이제 이용이면 러시아라
리투아니아 만 잠결적 태립을 꽃/무결 처럼 ... 흐음이 이

Ell Pann 2005. 7. 26
VILNIUS

– 리투아니아 –

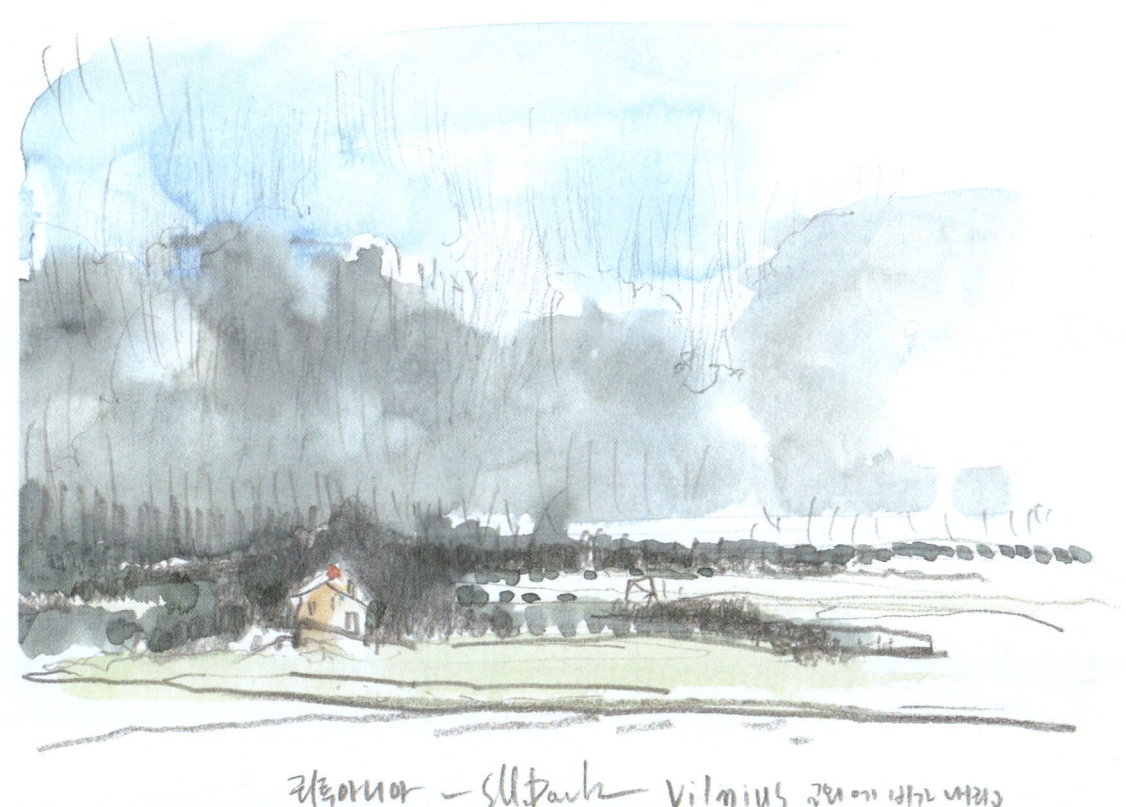

리투아니아 — S.H.Park — Vilnius 구시가에 비가 내려서
2015. 7.16

- 리투아니아 -

Estonia. - Tallin : 탈린로쉬의거리

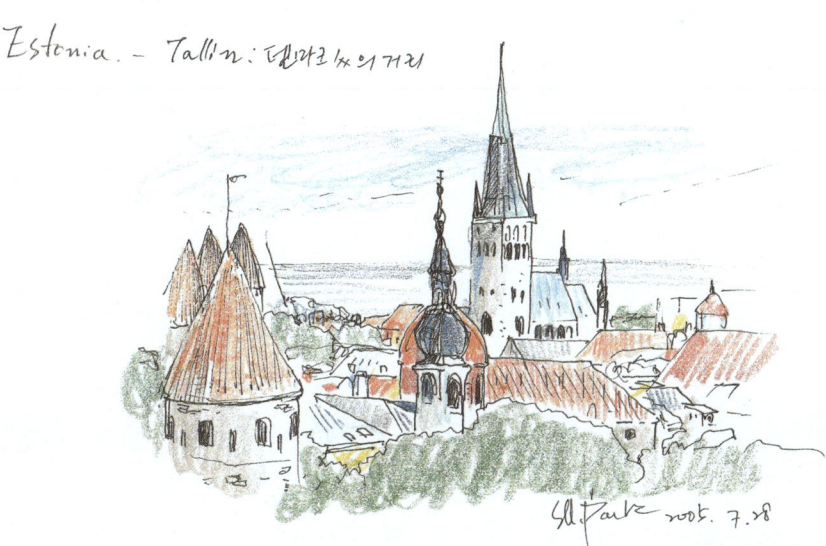

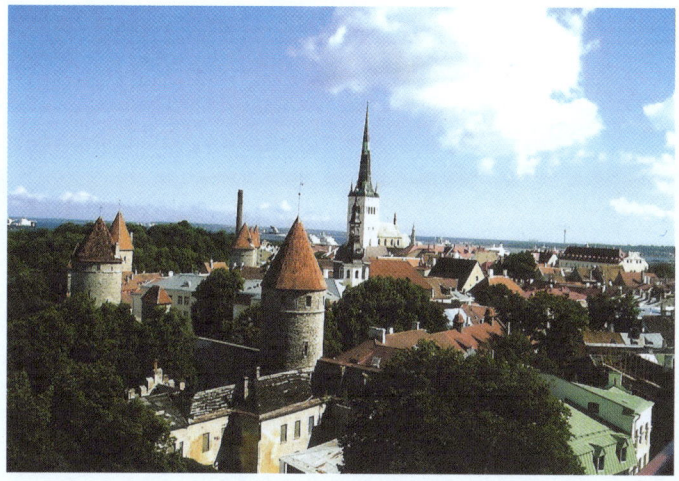

3

핀랜드, 스웨덴 | *Finland, Sweden*

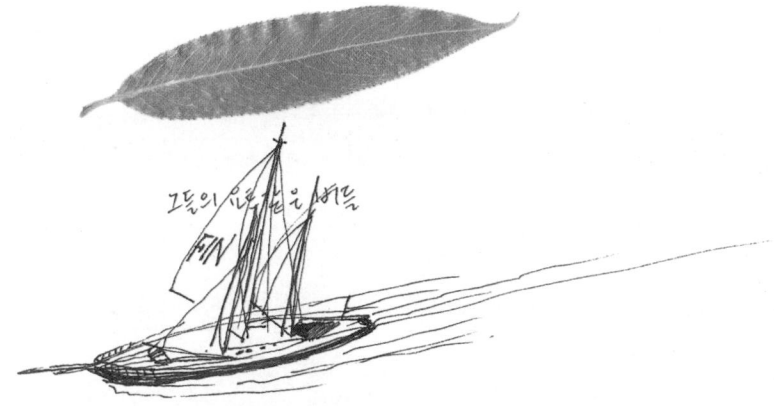

그들의 인류관은 사계를

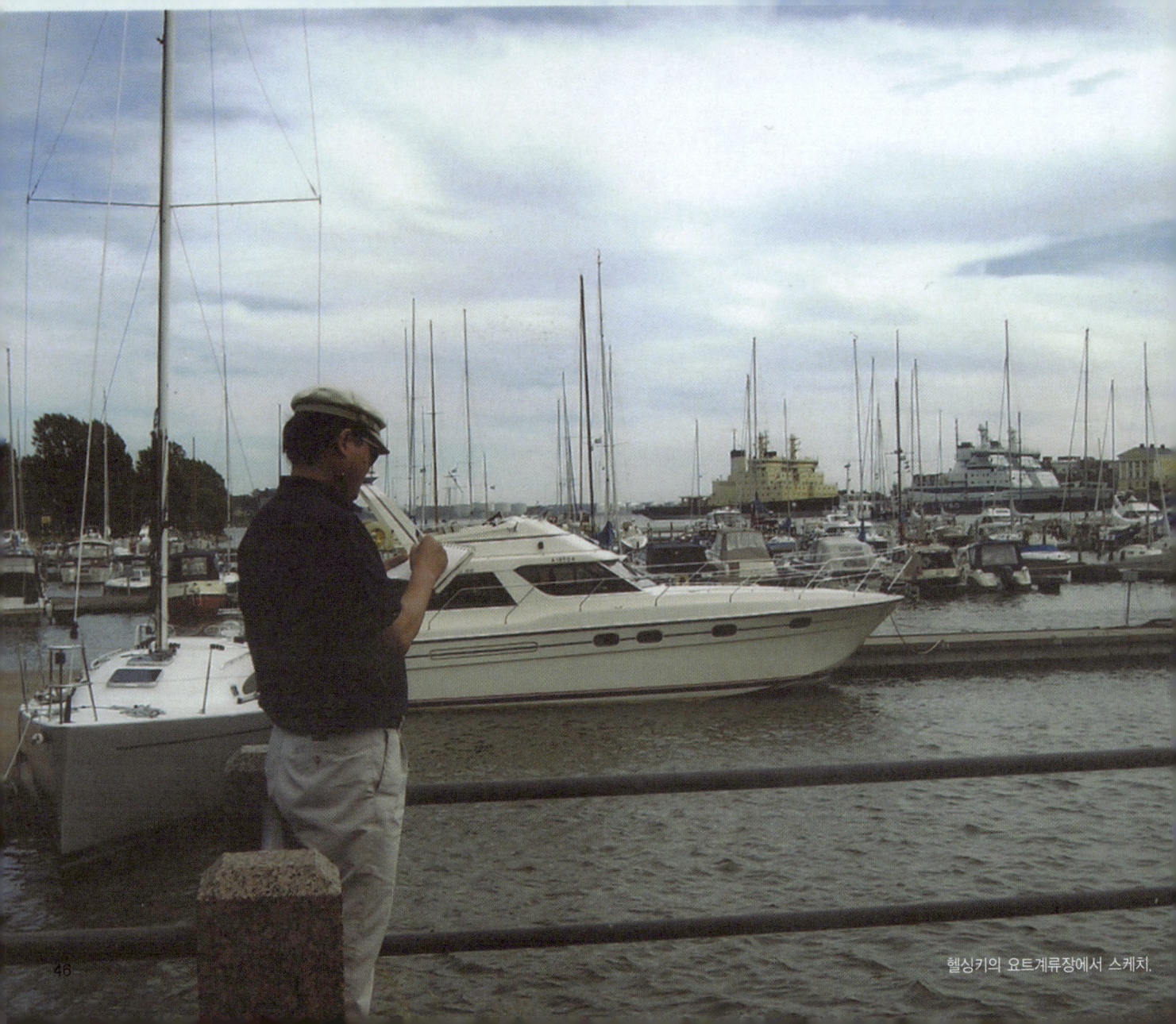

헬싱키의 요트계류장에서 스케치.

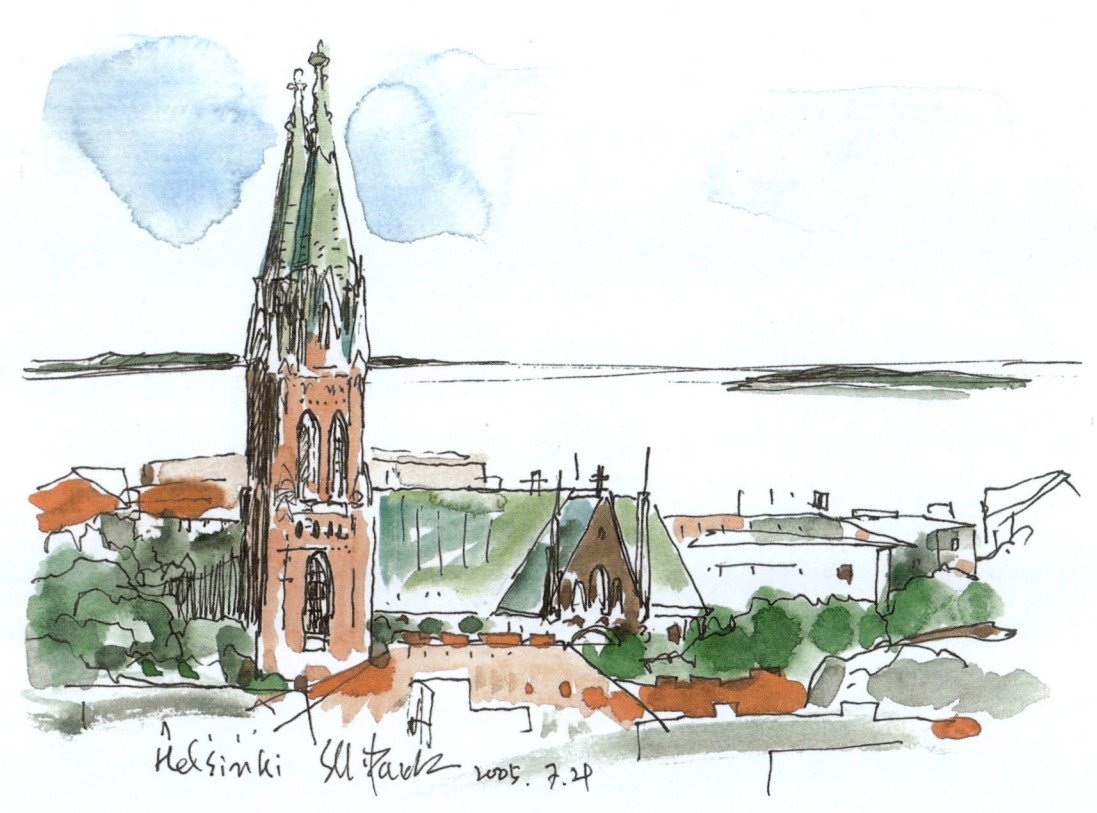

– Helsinki –

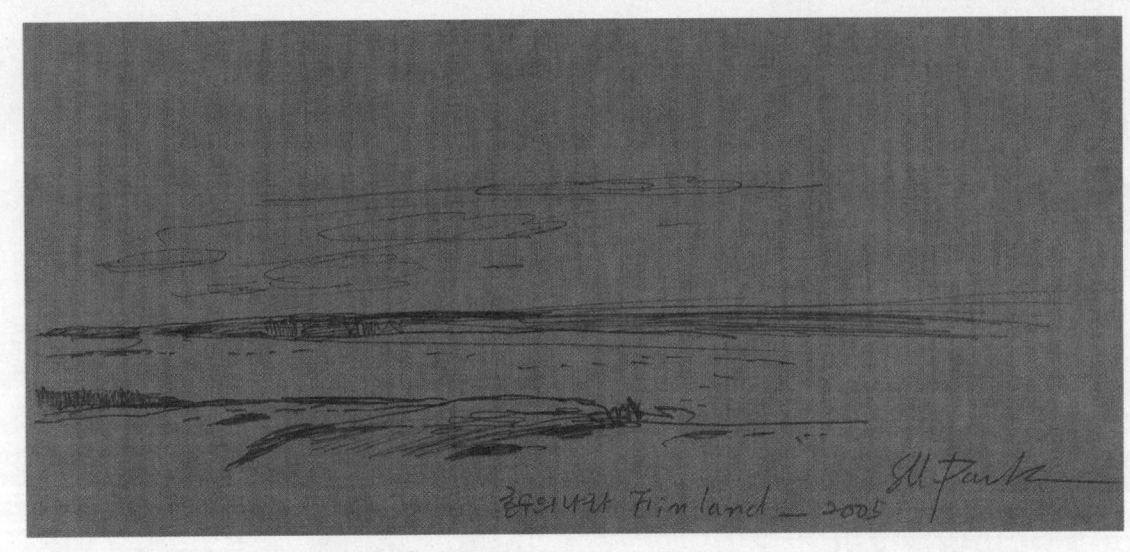

Finland – 끝이 보이지 않는 호수의 나라 이 안에서 자연의 경이를 본다.

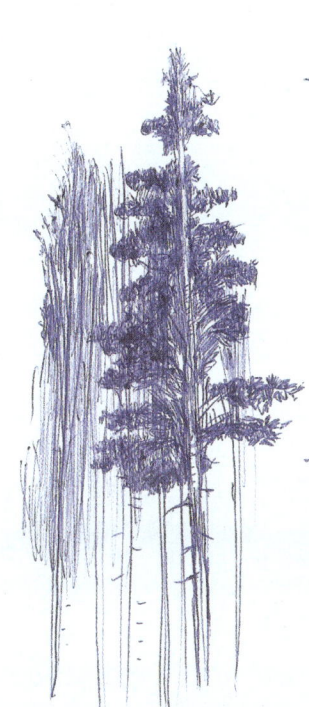

Tallin을 떠난 다늘 것은 그곳이 아직도 뭘 더 봐야 되리는 봄욕비 가득 하지만 나머지 일정을 능다 하기 때문에 Tallink 를 탄다. 금형금 여객선은 공항 실듬도 울리지 않고 뱃전을 뒤로 돌리다 세찬 바랏 바람는 Baltic 의 밧댓물을 꺼꾸로 움직이고 배는 핀랜드를 向하여 넘실거리는 프러시안블록의 바랏꼭을 삭긴다.

적량히 있을곳을 찾아서 그냥 Bar 가 있는곳에 일법과 함게 맥쥬를 마선다. 세시간 여의 항해끝에 내린 헬싱키는 개끗함으로 우리를 빌긴다 싱그러운 그 자체이다.

중국식으로 저녁 식사를 하고 헬싱키 시내 즉 밤돌아 고속도로로 들어오니 Turku 방향으로 지약 회사가 늘어선 동네에 Scandic Hotel! 오늘 이곳에서 핀랜드人의 만들어놓은 나뭇가구에 반한다.

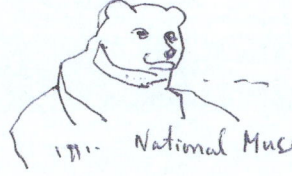

ㅣ가ㅣ National Museum

2005. 7. 28

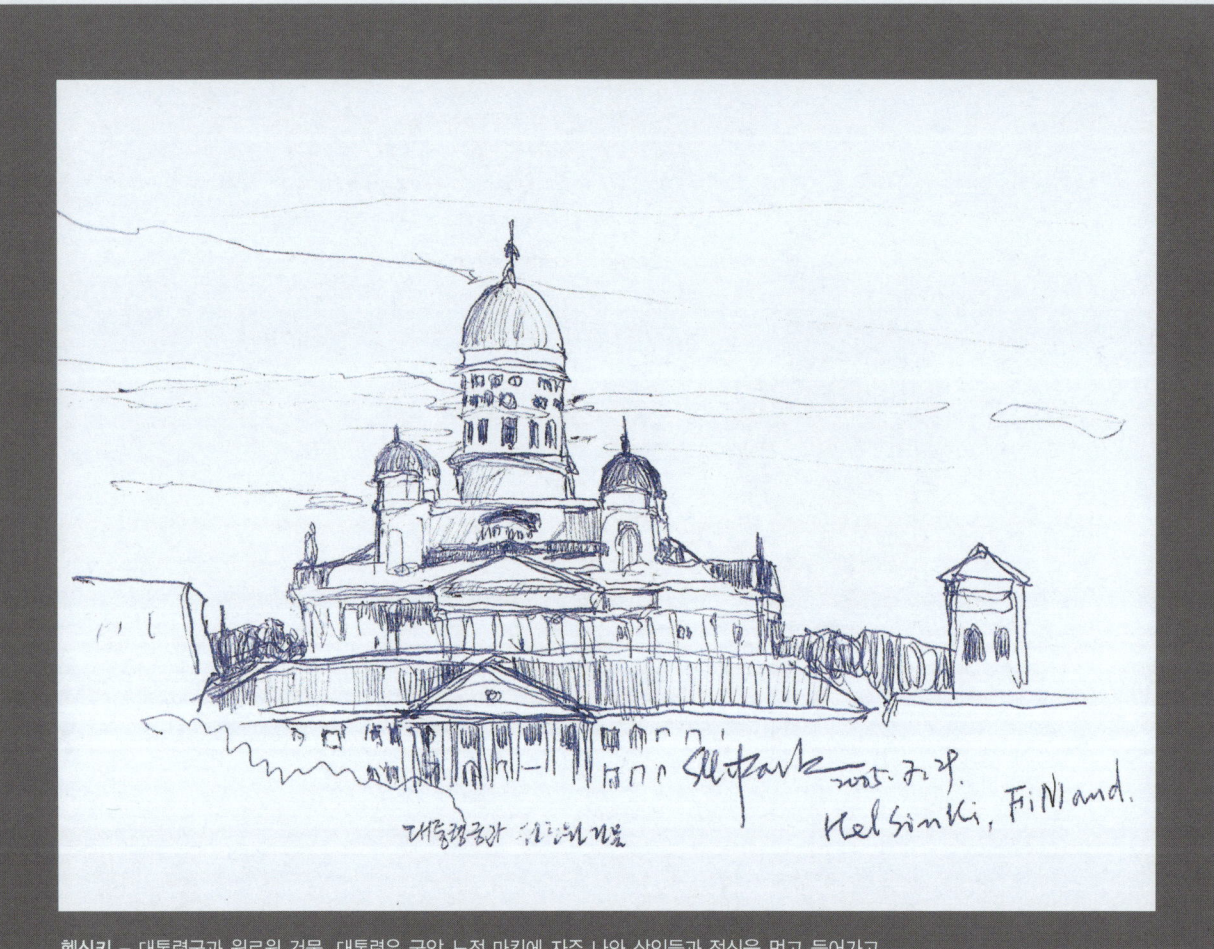

대통령궁과 원로원 건물

S.U. park 2005. 7. 24.

Helsinki, Finland.

헬싱키 – 대통령궁과 원로원 건물, 대통령은 궁앞 노점 마킷에 자주 나와 상인들과 점심을 먹고 들어가고.

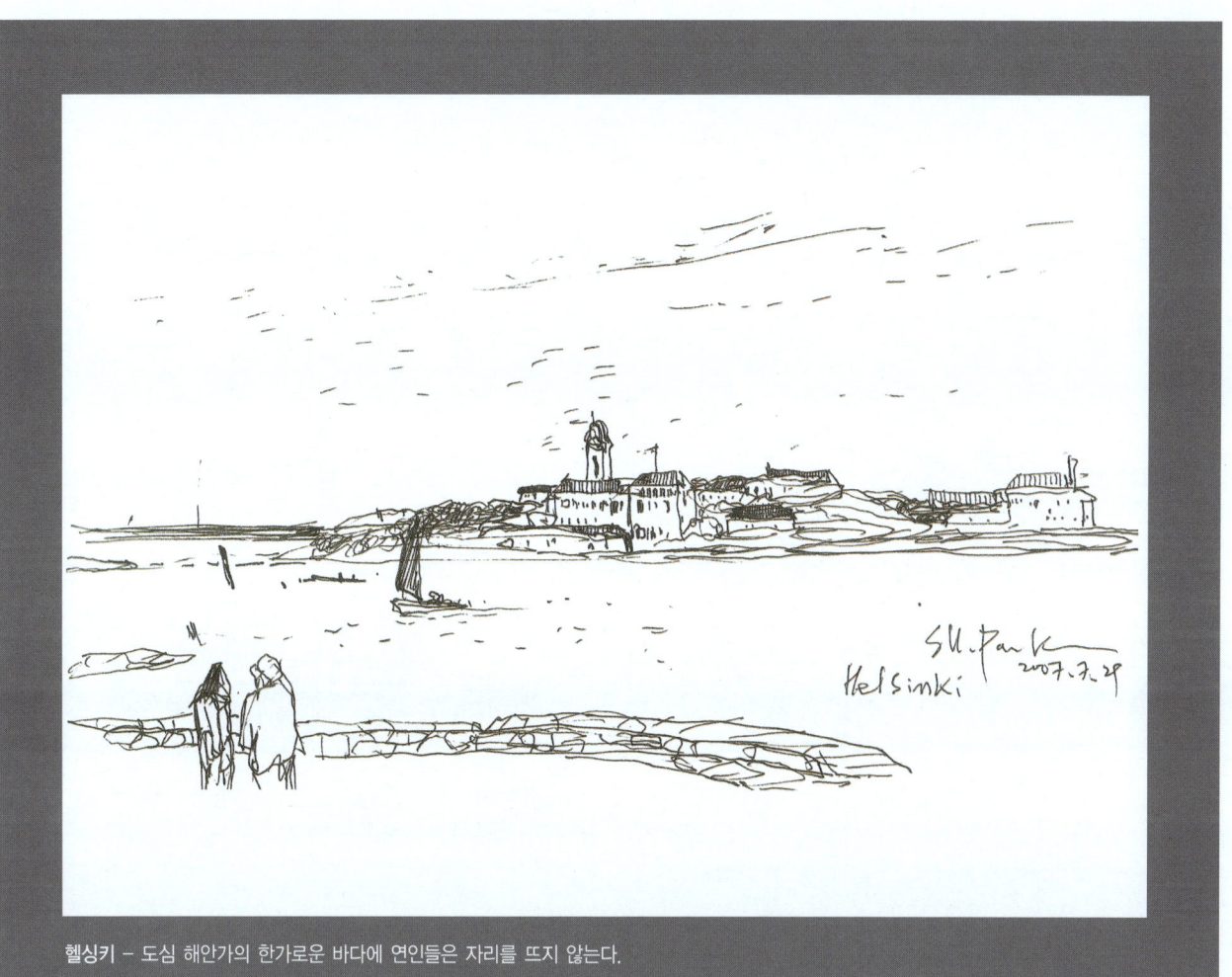

헬싱키 - 도심 해안가의 한가로운 바다에 연인들은 자리를 뜨지 않는다.

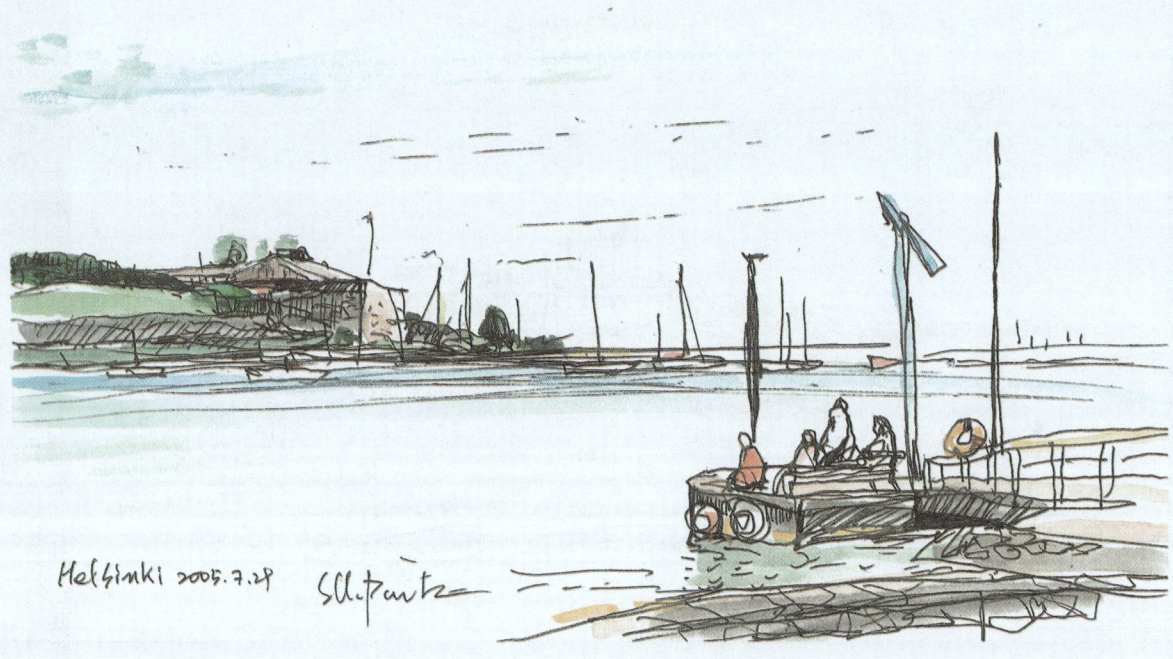

Helsinki 2005.7.24

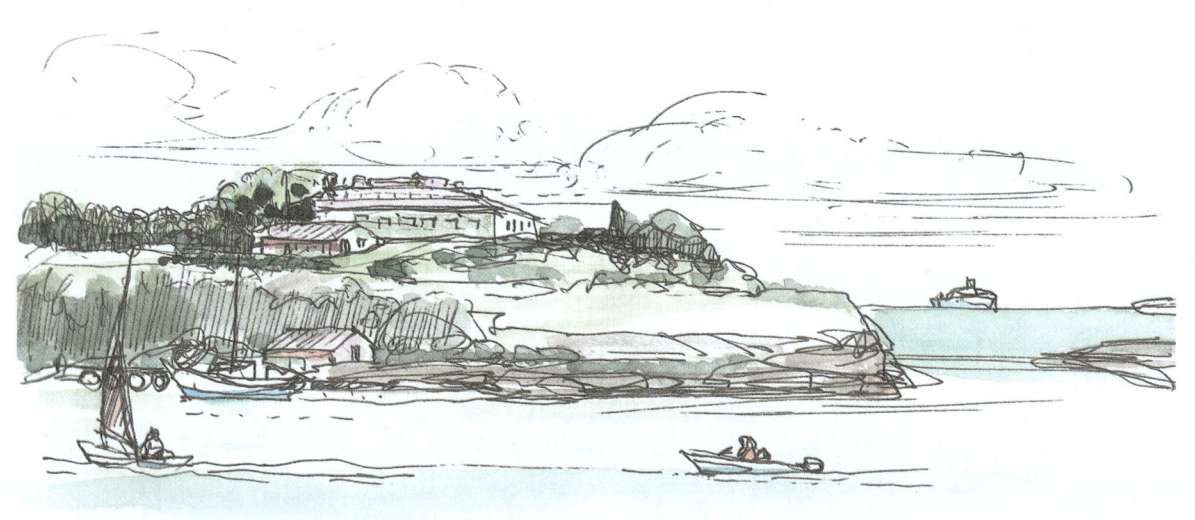

SIL Park 2005.7.4   Helsinki

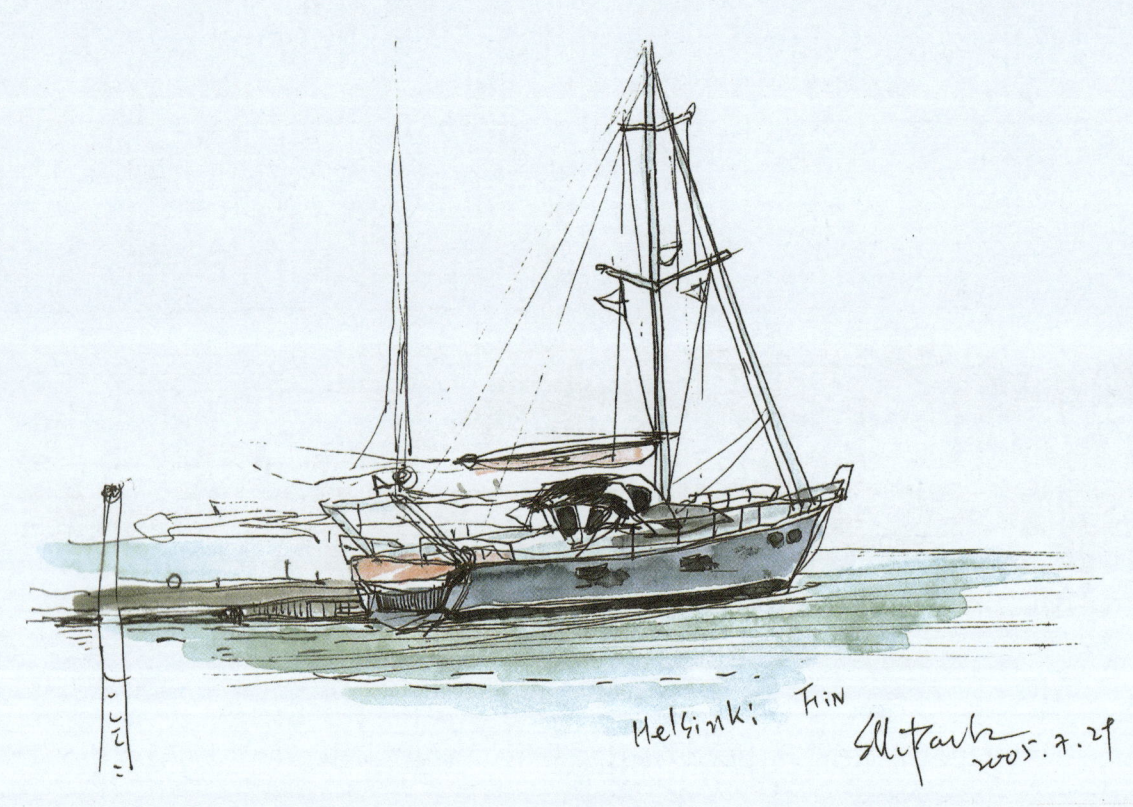

Helsinki, Fin
SHiParts 2005. 7. 29

Helsinki – 항구에 정박한 요트는 한번쯤 가져보고 싶은 마음으로 스케치.

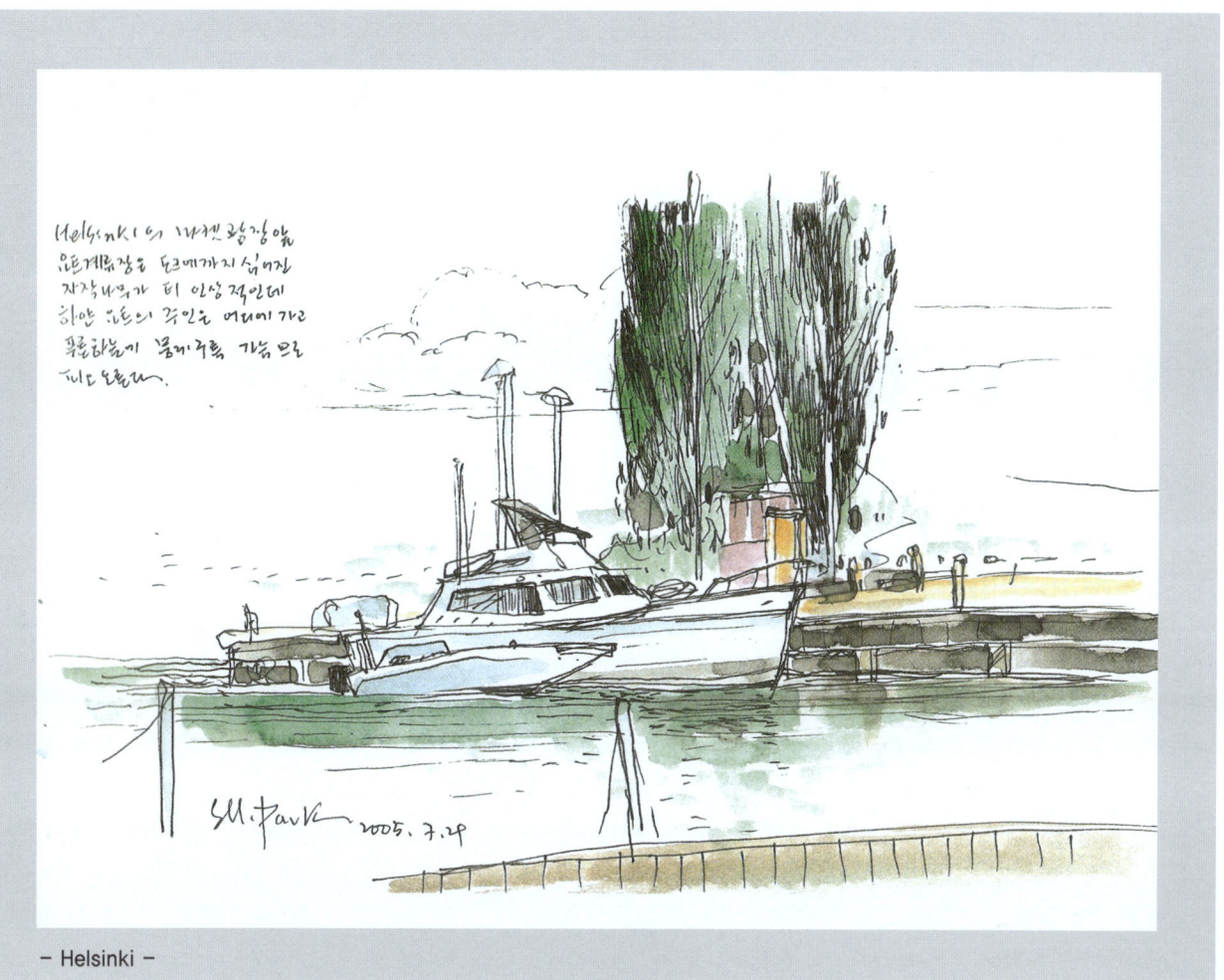

Helsinki의 내캣광장앞
요트계류장을 둑에까지 심어진
자작나무가 퇴 안상적인데
하얀 요트의 주인은 어디에 가고
푸른하늘기 물가 주름 가늠으로
미나 오른다.

SM.Park 2005. 7.24

– Helsinki –

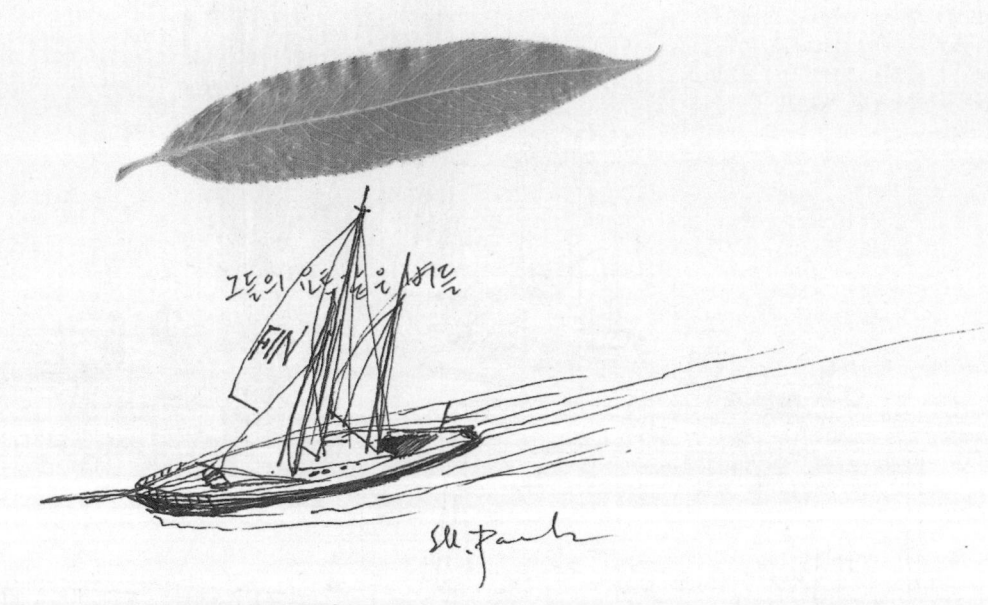

Finland – 버들잎같은 요트가 silja 여객선 밑으로 지난다.

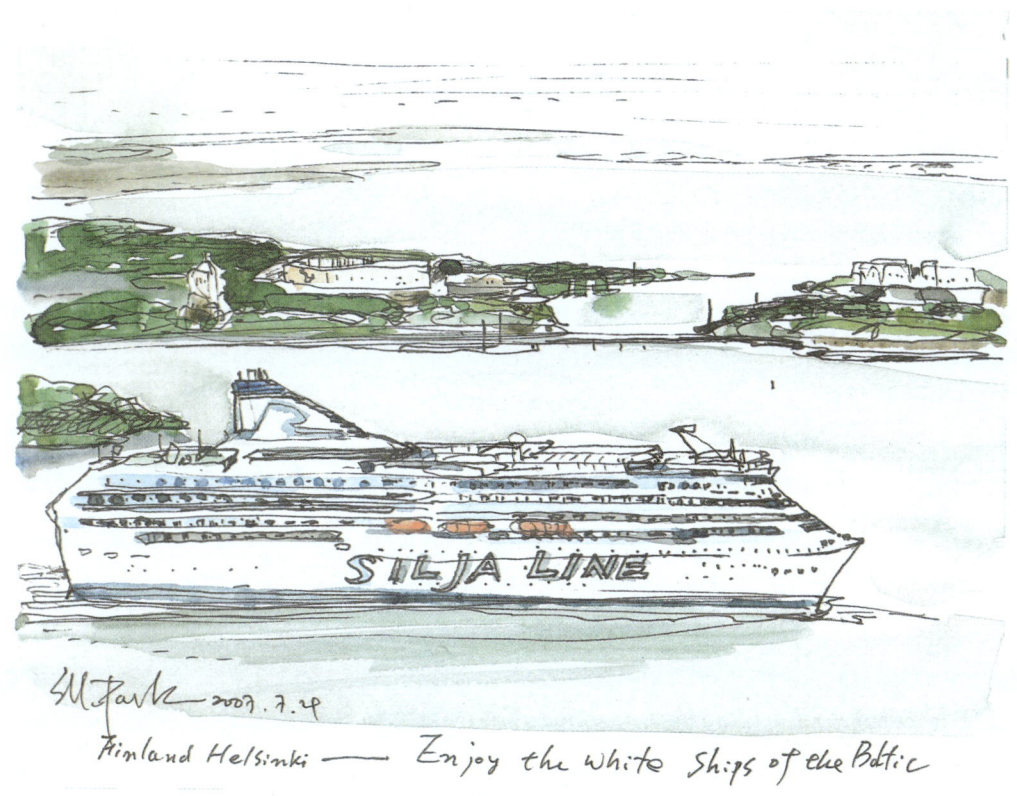

SM Park 2007. 7. 4
Finland Helsinki —— Enjoy the white Ships of the Baltic

실자라인 – 헬싱키에서 스톡홀름으로 왕복하는 silja Line.

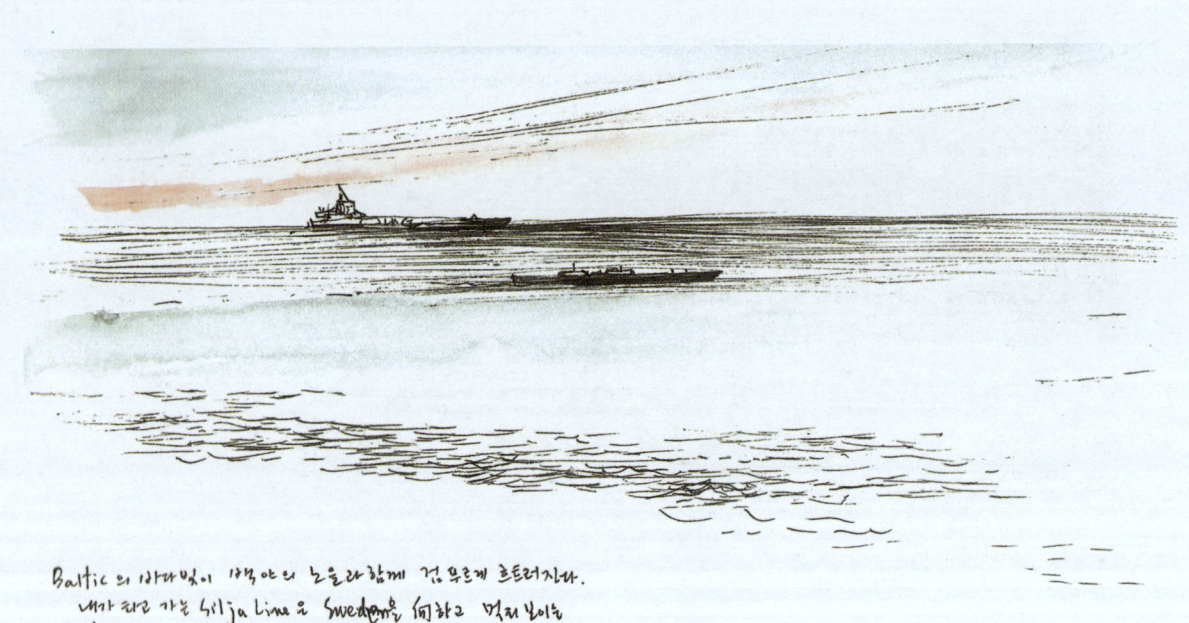

Baltic 의 바다빛이 버덕앞의 노을과 함께 검푸르게 흐트러진다.
내가 타고 가는 Silja Line 은 Sweden을 向하고 멀리보이는
잠실호 배는 점차 커져 한 시간 동안 꼭 그자리에 함께 있다.

\- Baltic \-

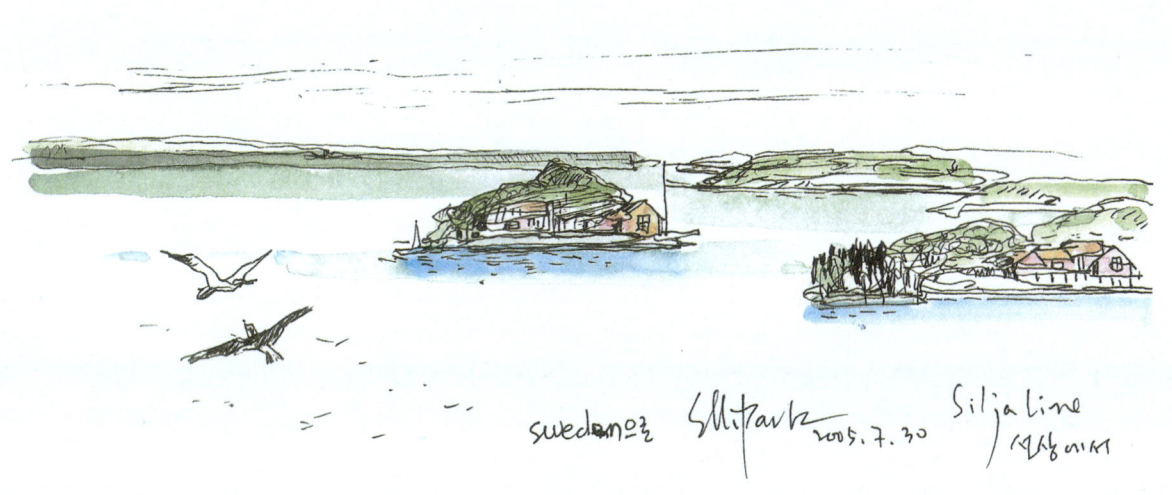

sweden으로 ElliPark 2005. 7. 30 Silja line
석상에서

스톡홀름 – 갈매기가 계속 내가 탄 배를 따라 오고 있었다.

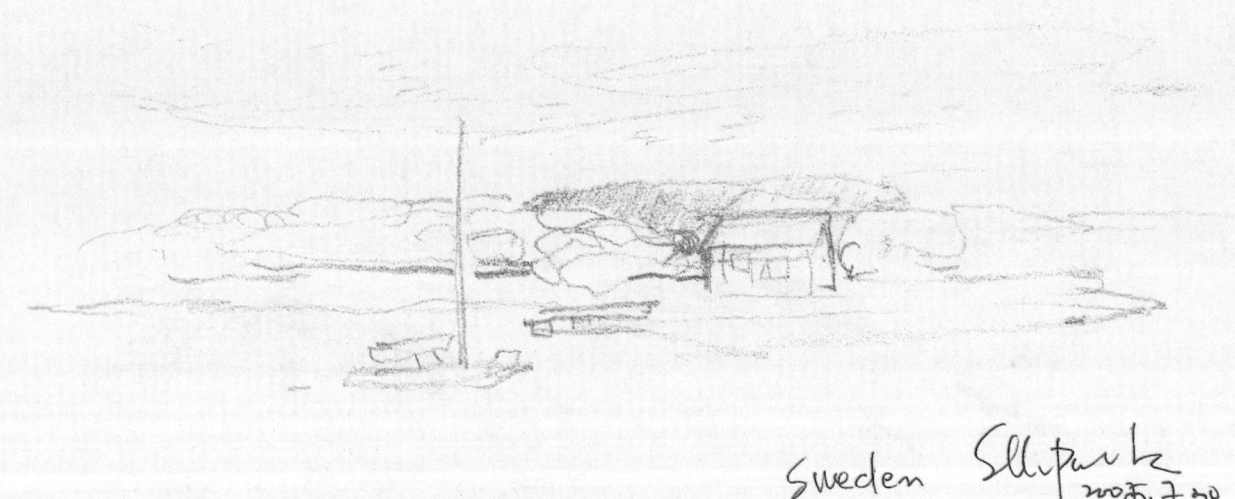

Sweden   Shipark
2005. 7. 30

Sweden – 스톡홀름의 아침을 Silja 배 위에서 맞이하고.

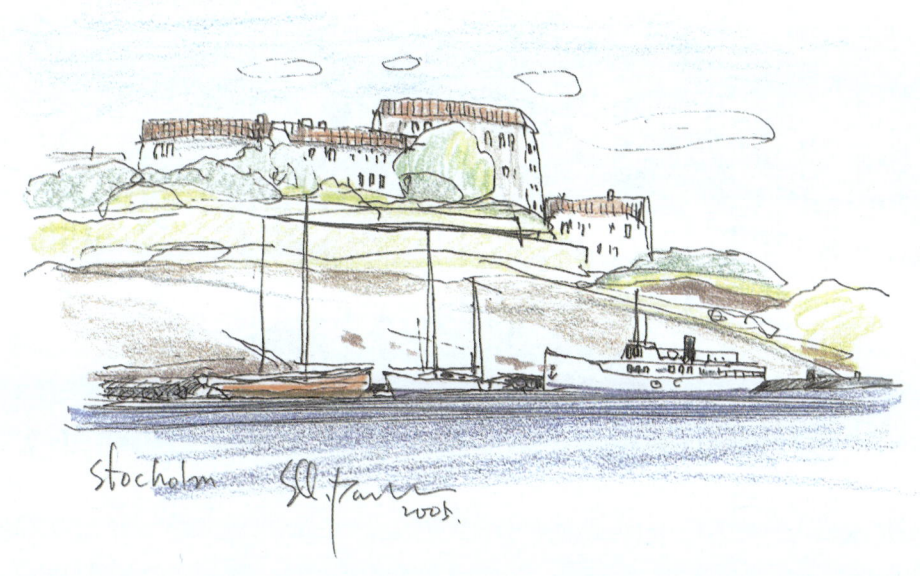

Stocholm

2005.

스톡홀름 – 내륙 깊이까지 잘 발달된 운하에 아름다움이 더 하다.

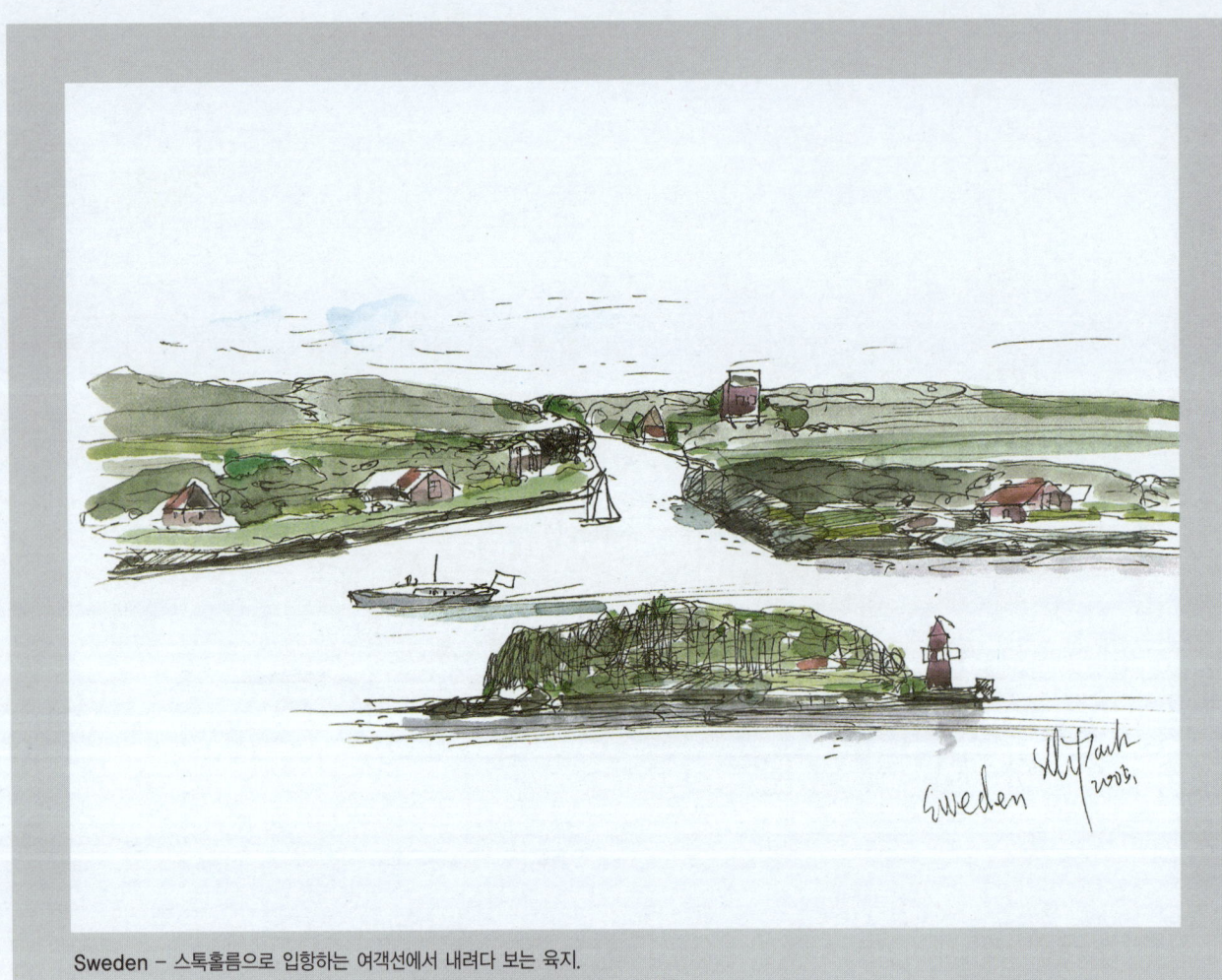

Sweden – 스톡홀름으로 입항하는 여객선에서 내려다 보는 육지.

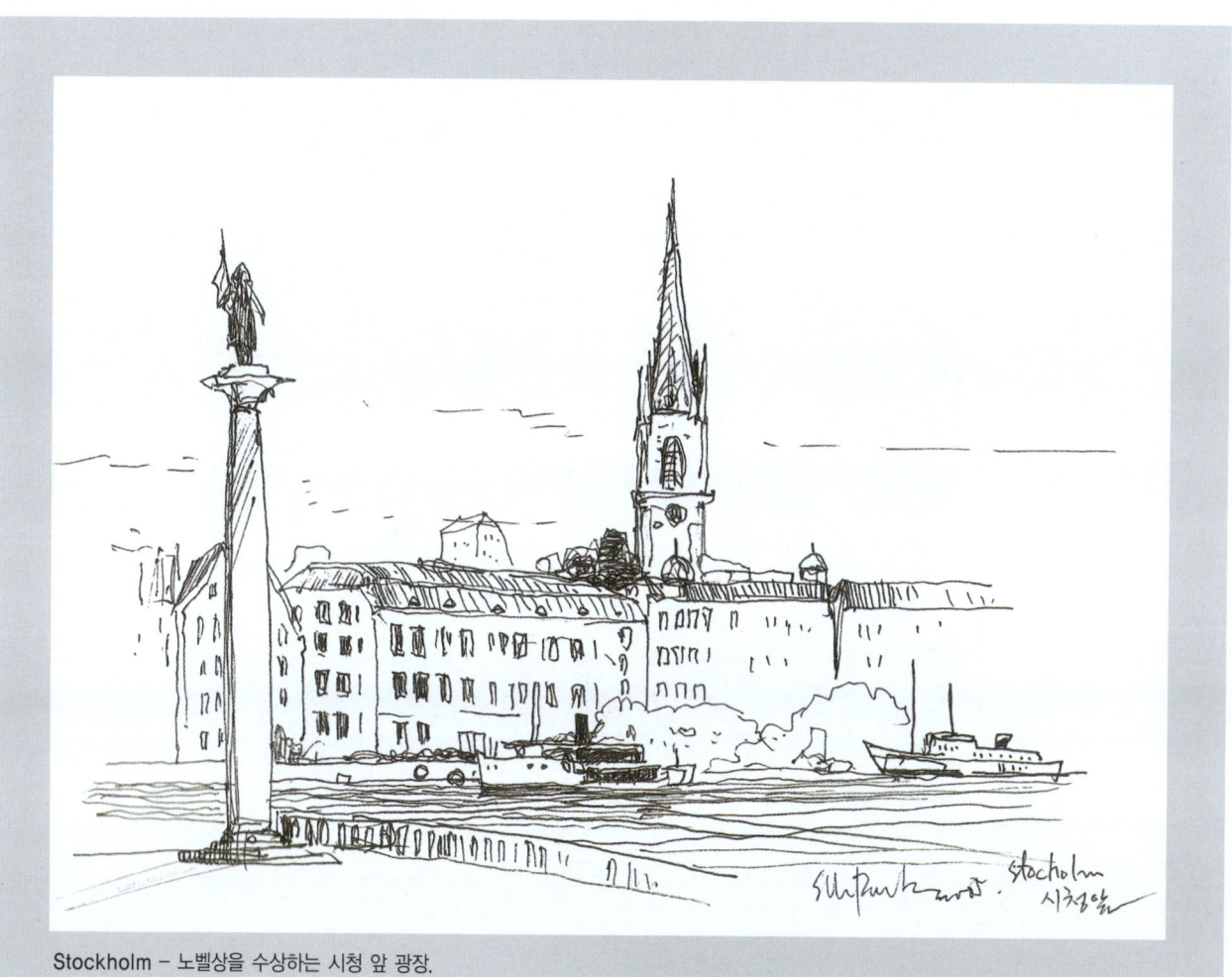

Stockholm – 노벨상을 수상하는 시청 앞 광장.

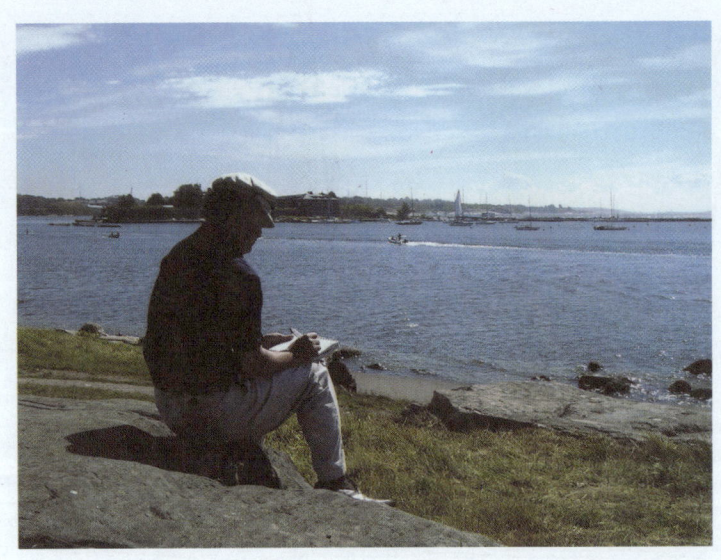

헬싱키의 해안 – 단조롭지만 지나는 요트가 마음을 움직여 준다.

4

노르웨이 | *Norway*

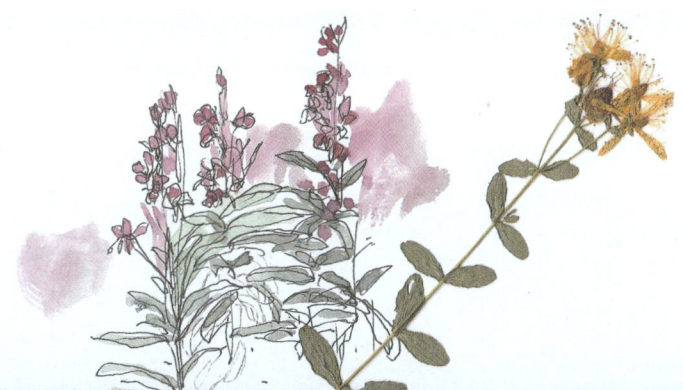

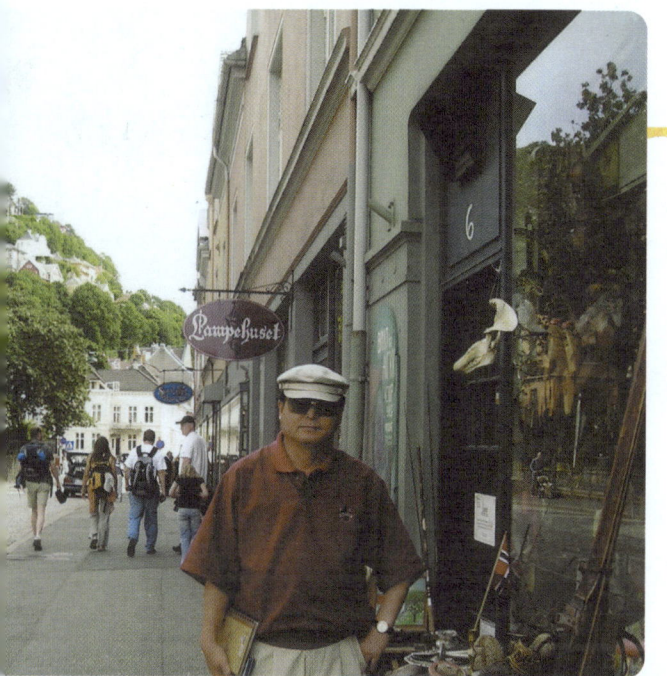

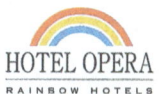

HOTEL OPERA
RAINBOW HOTELS

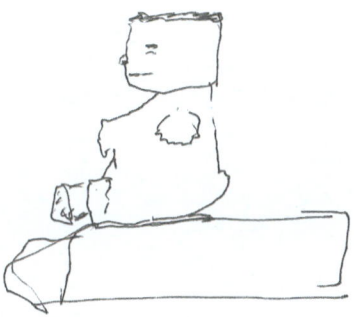

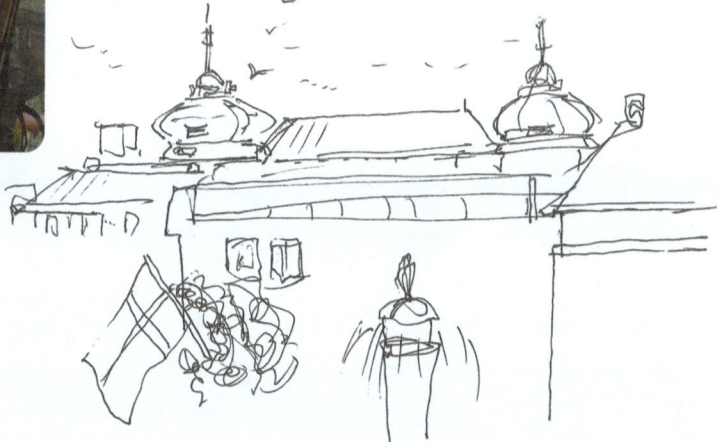

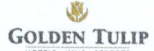

GOLDEN TULIP
HOTELS · INNS · RESORTS

Christian Frederiksplass 5, 0154 Oslo
Bookingservice: +47 23 08 02 00

Tel. +47 24 10 30 00 Fax +47 24 10 30 10
E-mail: opera@rainbow-hotels.no

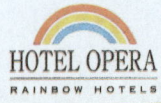

HOTEL OPERA
RAINBOW HOTELS

Oslo 에서의 시청앞 광장은 마침 Summer Festival을
하고 있어서 광란스러움으로 예전의 그런 차분히 가라앉은
점잖스러움 하지만 밤도 아니 었다.
밤 10시경 태양이 서편으로 지는 강한 빛 ——
황금쟁반 같아 보인다.
시청앞 성채가 유난히 많아 해 보인다.
Norway의 여름밤은 오늘도 걸었나

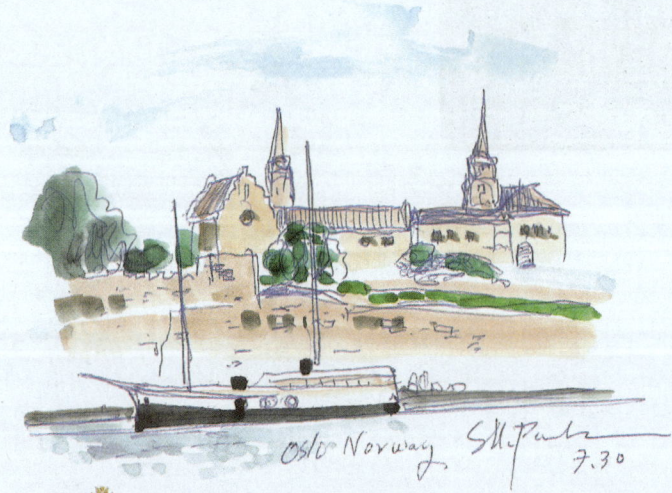

Oslo Norway   S.M.Park
7.30

🌷
GOLDEN TULIP
HOTELS · INNS · RESORTS

Christian Frederiksplass 5, 0154 Oslo
Bookingservice: +47 23 08 02 00

Tel. +47 24 10 30 00 Fax +47 24 10 30 10
E-mail: opera@rainbow-hotels.no

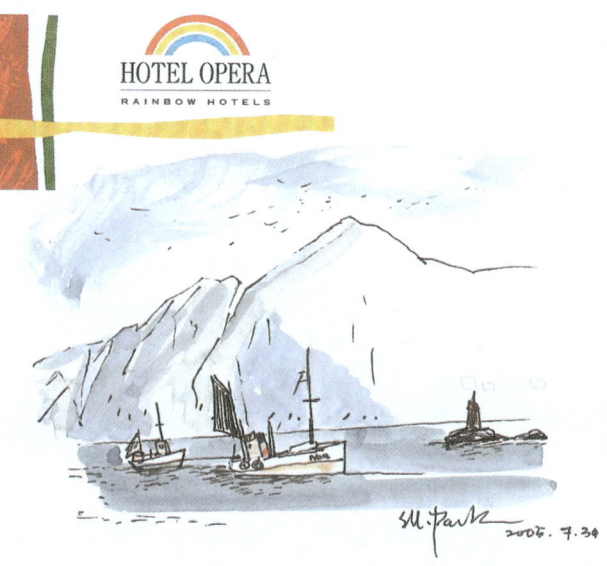

Norge. 구원의 마지막 날아침 흐리고 비가 내린다.
우산을 쓰지 않고 걸을 만 한게 노르웨이 다운 날씨다
Summer Festival 이 끝난 시청앞을 하버는 그 부산함이
어디로 가버리고 적막도 없이 새벽 에서의 정지된 시간이다.
오늘로 oslo 에서 "Munch" 를 만나러 간다.
그가그렸던 「백야」를 다시 보고 싶다. 어제 시청앞에서
열린 축제 속으로 비친 여름 햇살이 꼭 금쟁반 뒷판이
반사됬듯 하였다.

Songne fiord 를 향하는 마음, 다시 가슴이 두근거려온다.

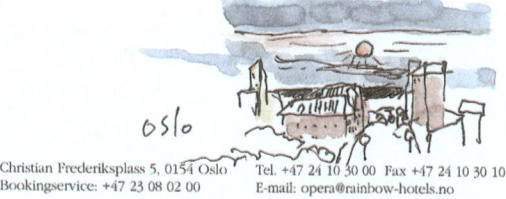

oslo

HOTEL OPERA
RAINBOW HOTELS

GOLDEN TULIP
HOTELS · INNS · RESORTS

Christian Frederiksplass 5, 0154 Oslo   Tel. +47 24 10 30 00 Fax +47 24 10 30 10
Bookingservice: +47 23 08 02 00   E-mail: opera@rainbow-hotels.no

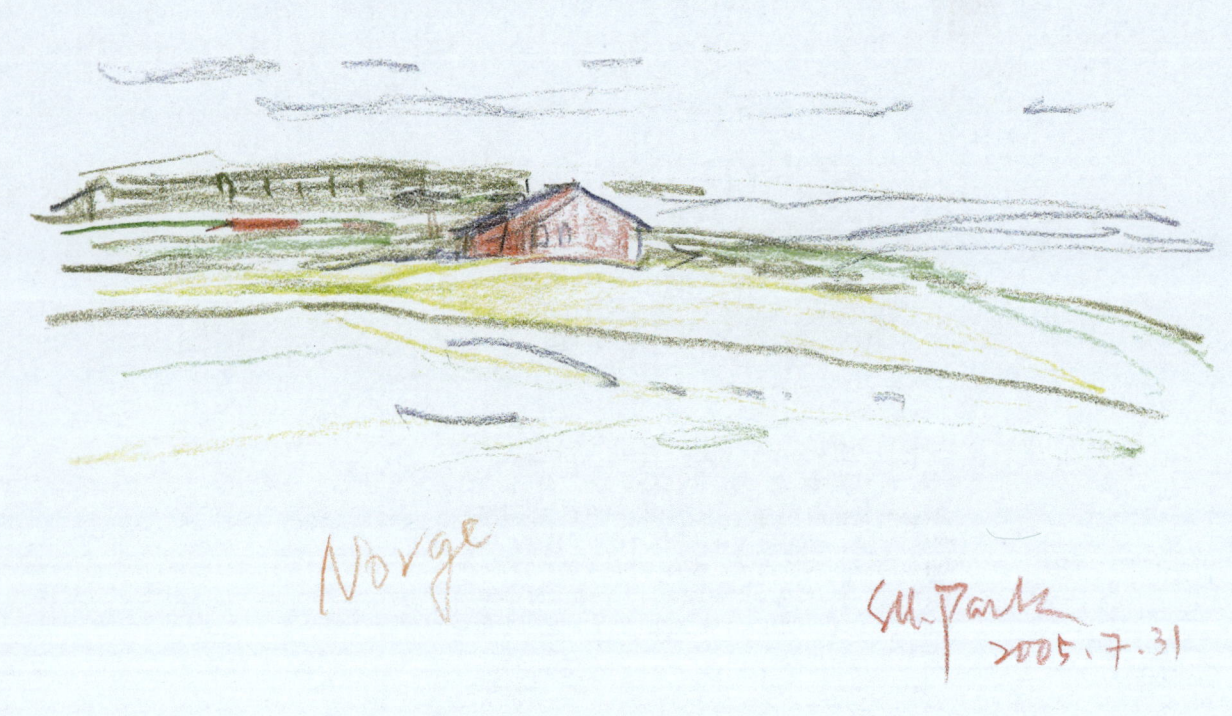

Norge

M.Park
2005.7.31

Norway – 북쪽으로 가는 길

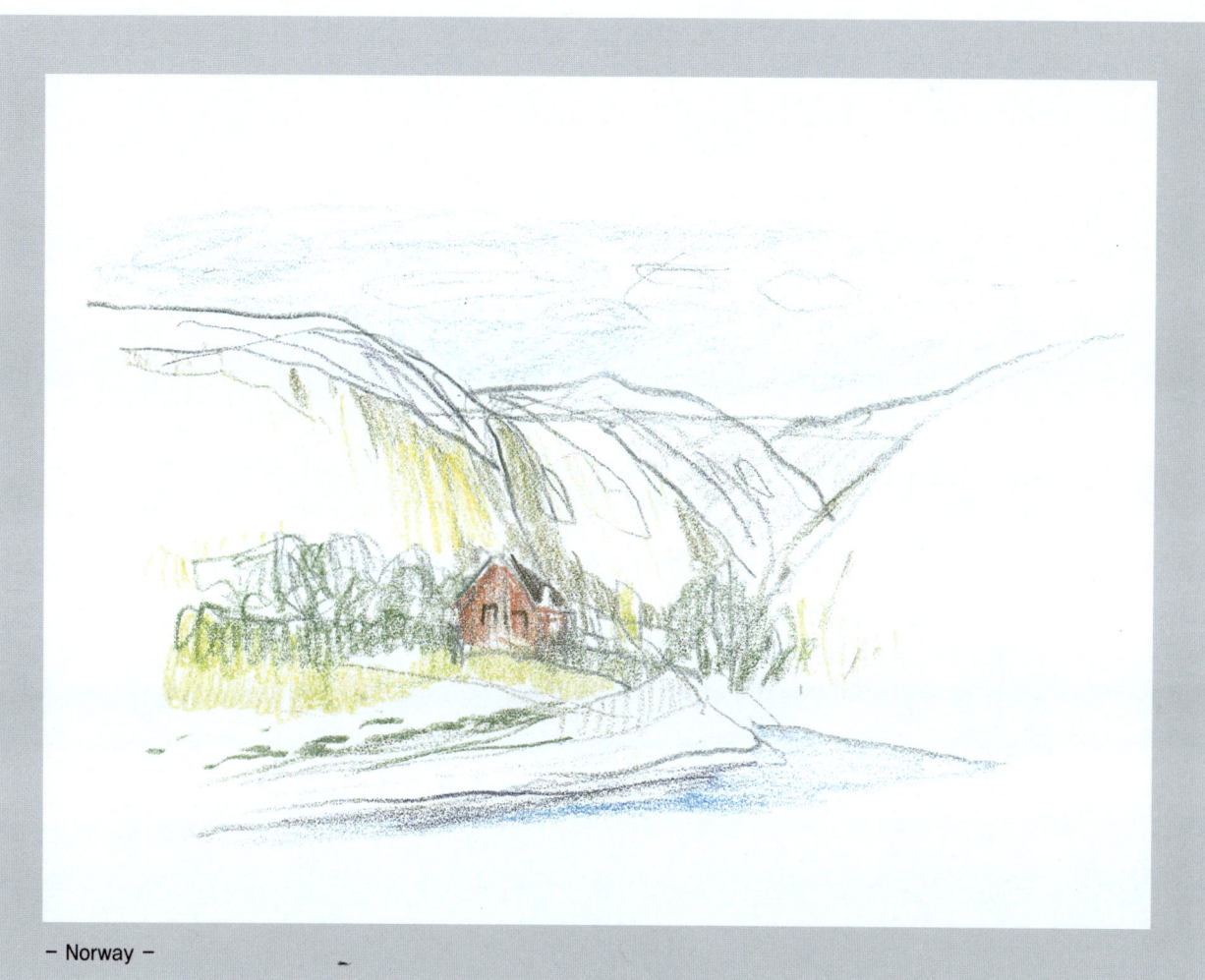

– Norway –

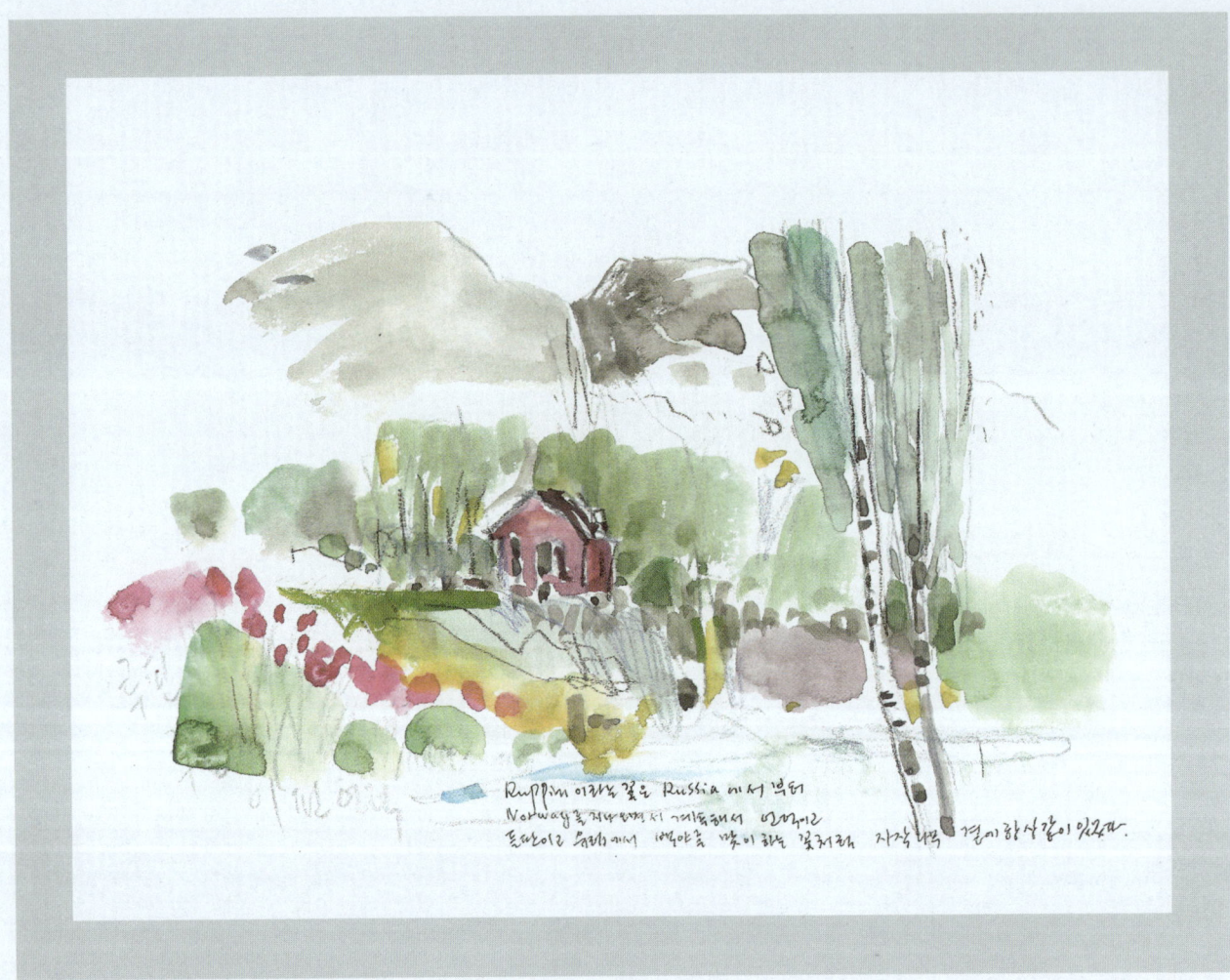

Ruppin 이라는 곳은 Russia 에서 부터
Norway를 거쳐 핀란드 거쳐 독해서 언덕으로
흘러가고 유럽에서 백야를 많이 하는 길처럼 자작나무 결이 참 사랑이 있었다.

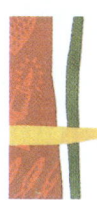

HOTEL OPERA
RAINBOW HOTELS

아침이라고 불러져야할 새벽 4시 입니다.
잠이 덜깬 눈으로 보이는 Geilo 의 호수위에는 두개의 물체가 꺼칠로, 바로
밑에서다. 어느것이 진짜이던 간에 명경 이어다.
내 위에 남은 잔설은 둘로래 묻듯처럼 하얀 빛 커대기를 유난히도
꽹고 깨끗이 보여줍니다. 이제 좋안 토록 비가 그렇게도 많이 오는데...
붉으로 보이는 화수 반대편 근봉위에는 "와스카란" 의 전설 처럼
하얀눈이 만년설로 남은채 이 Geilo 마을 사람들에게 여름휴을 걱기위해서
저두로 내려온 사음의 이야기를 듣쳐줍니다.
이제 이옥에 남은 산정의 호수위에 떠 배를 남더두러
새벽으로 아니 아침의 향행을 한 차례 입니다.
나는 언제로 남겨뒤야할 이 Norway이 오게된것을
간사하게 생각 합니다.

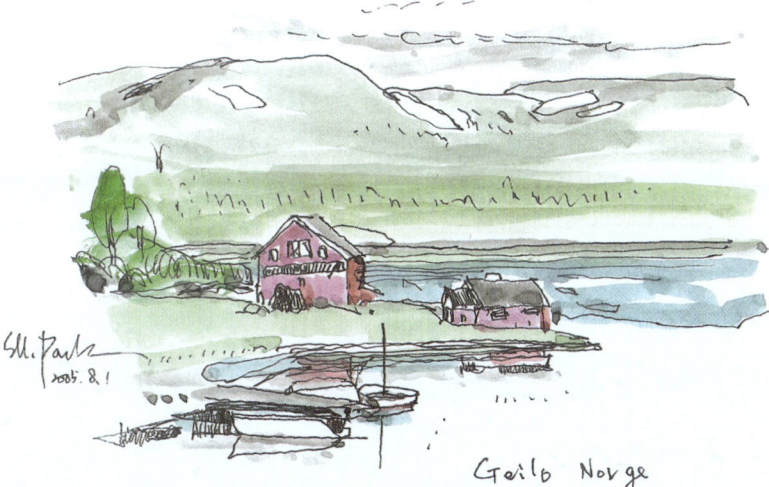

Geilo Norge

GOLDEN TULIP
HOTELS · INNS · RESORTS

Christian Frederiksplass 5, 0154 Oslo
Bookingservice: +47 23 08 02 00

Tel. +47 24 10 30 00 Fax +47 24 10 30 10
E-mail: opera@rainbow-hotels.no

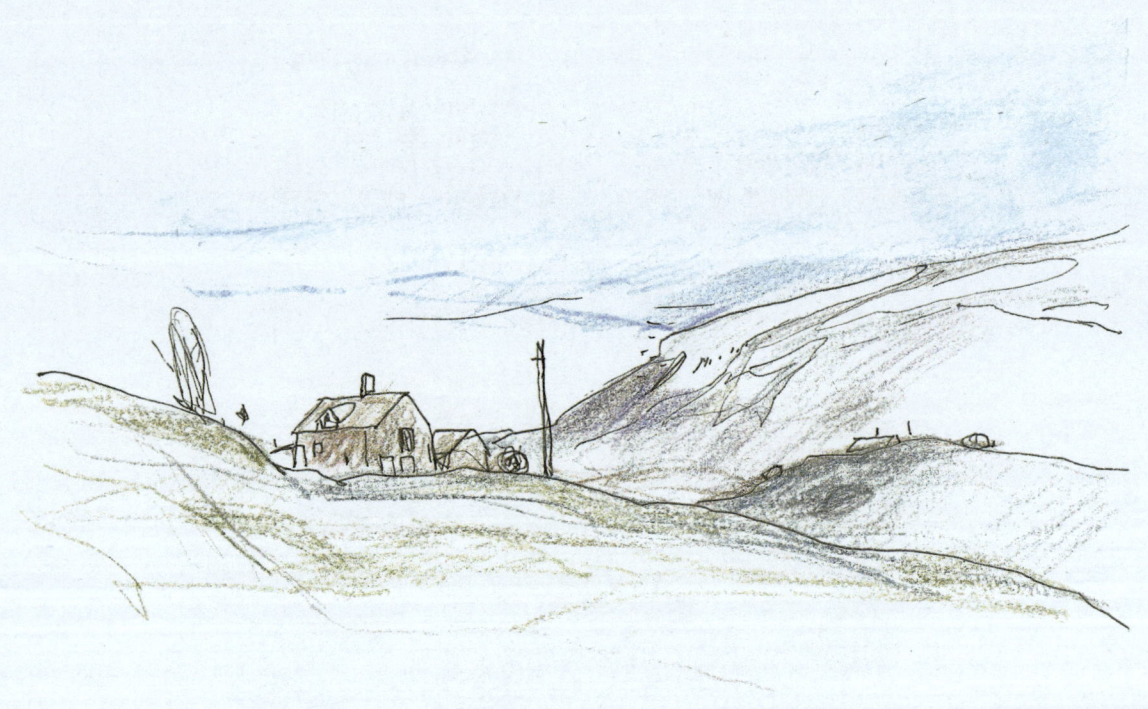

Norway – 북쪽으로 가는 길에 만난 백야.

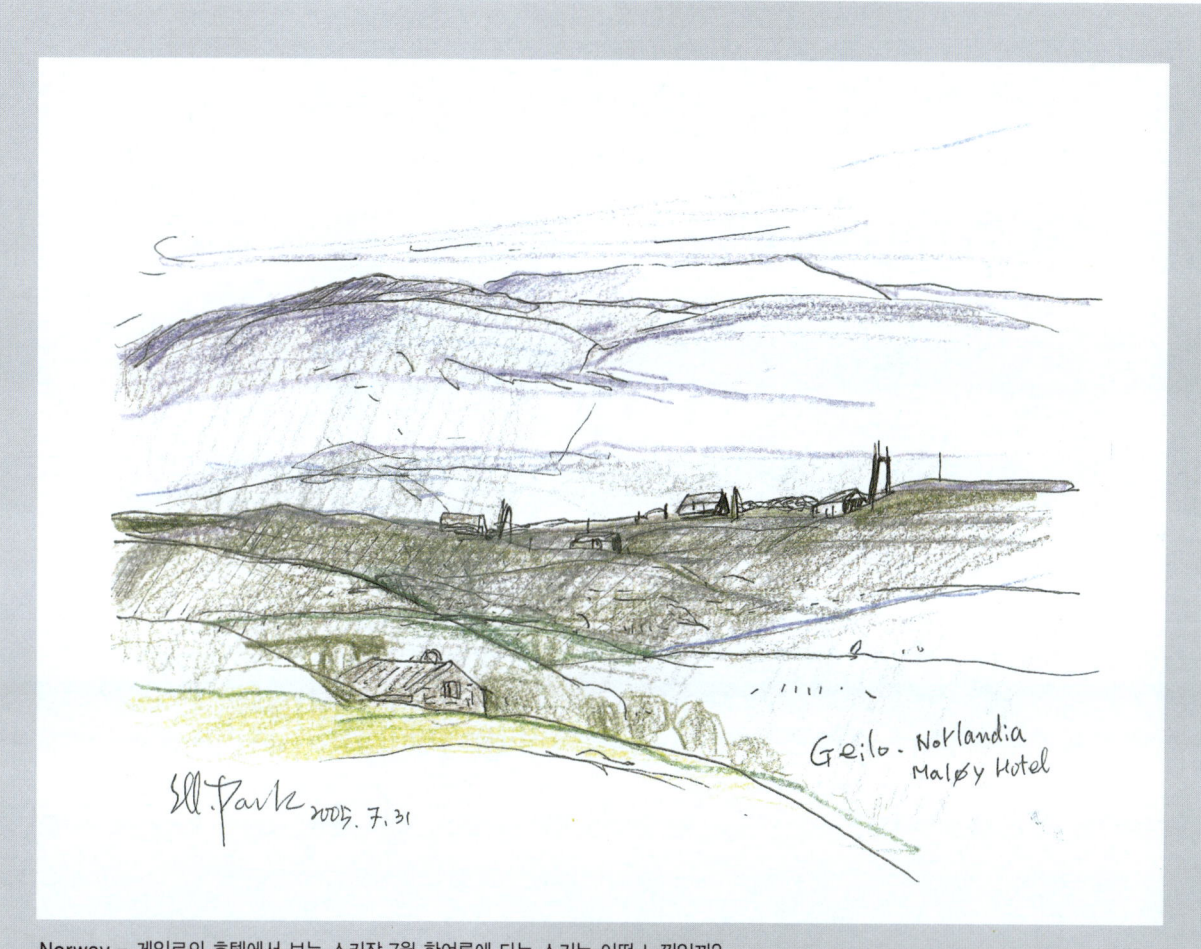

Geilo. Norlandia
MalØy Hotel

Ell.Park 2005. 7. 31

Norway – 게일로의 호텔에서 보는 스키장 7월 한여름에 타는 스키는 어떤 느낌일까?

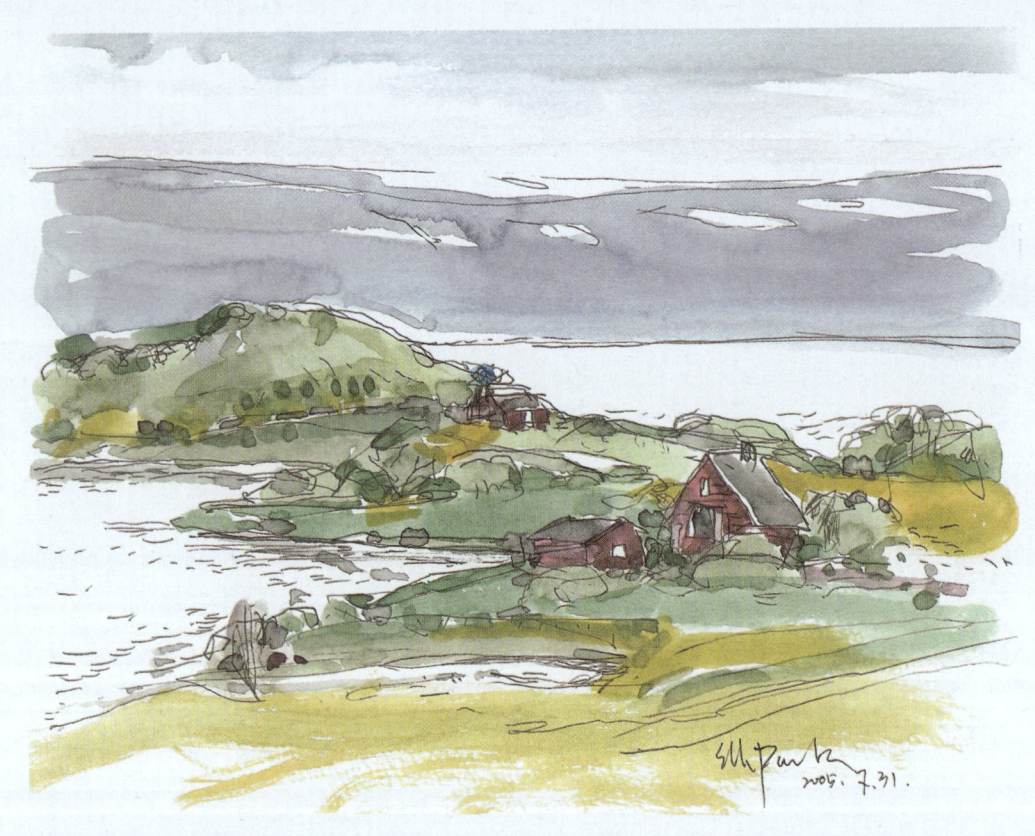

Norway – 백야는 호수위에 그 하얗던 빛을 담고 있었다.

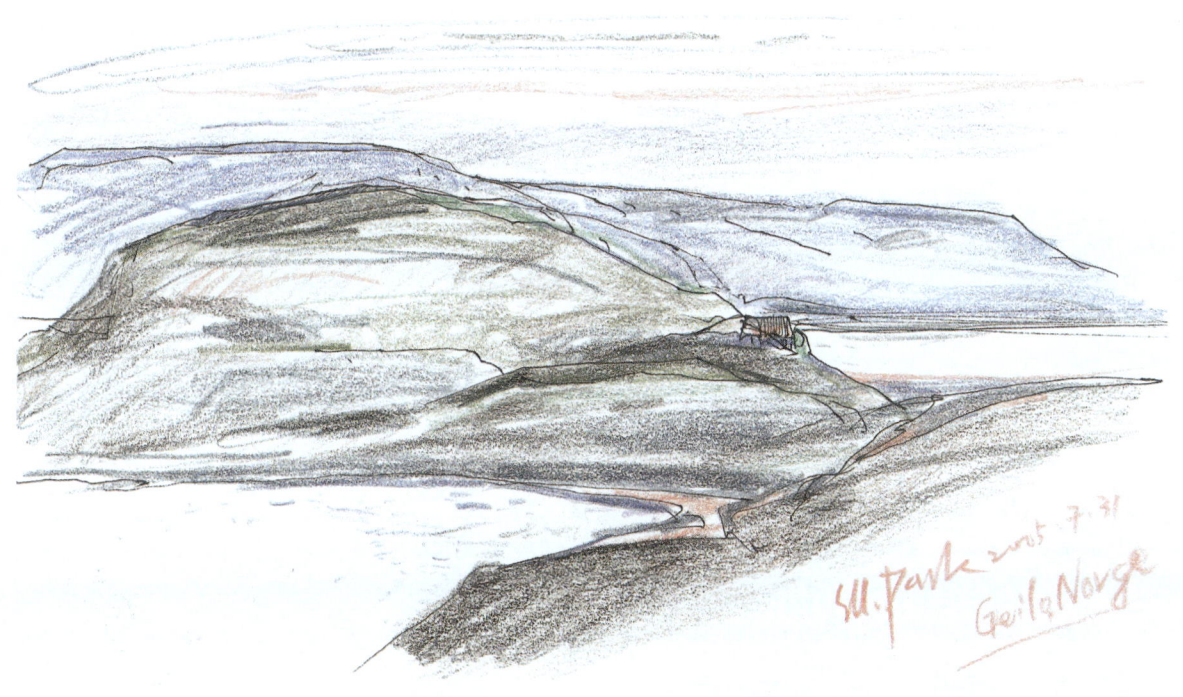

Norway – 게일로의 눈녹은 호수.

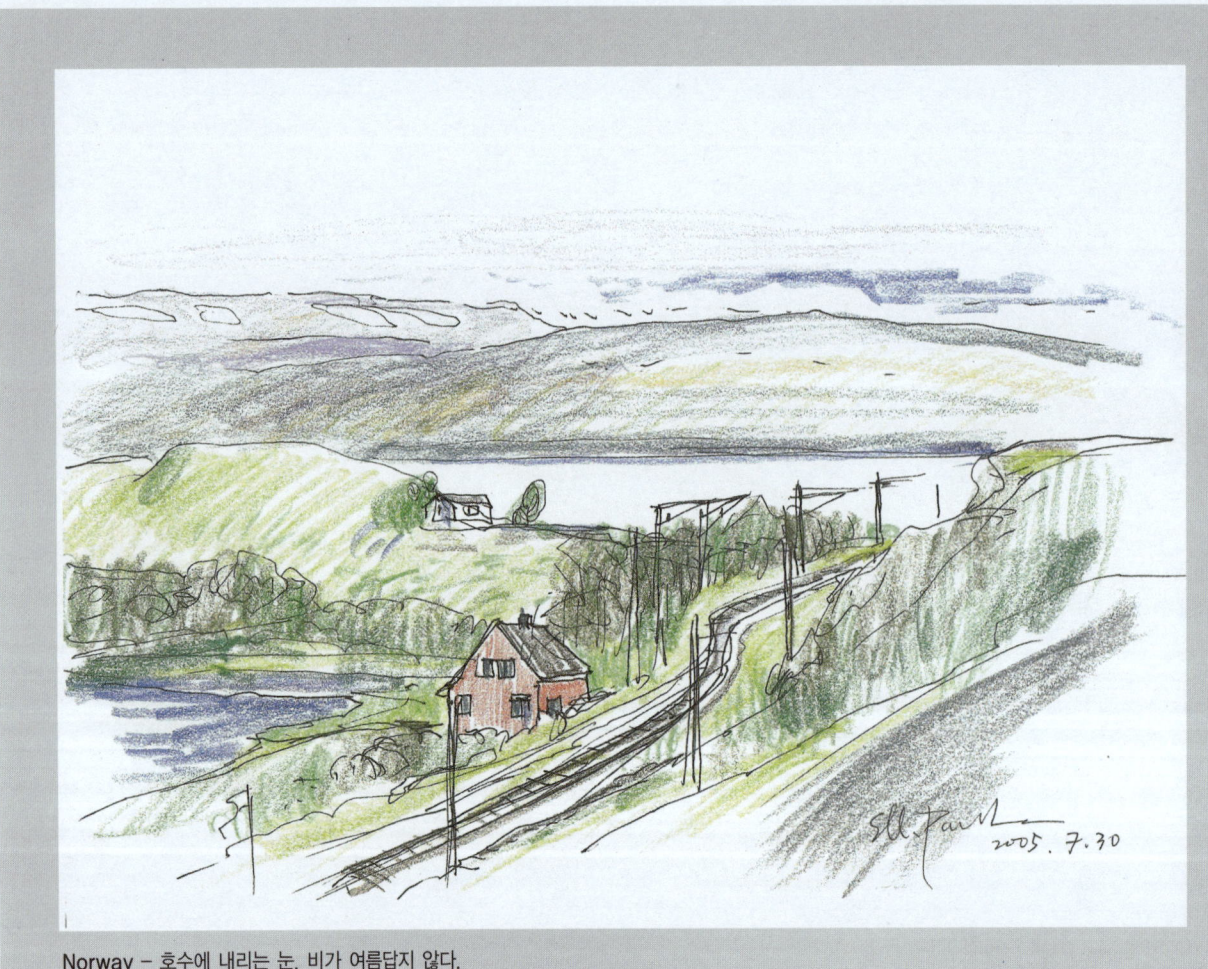

Norway – 호수에 내리는 눈, 비가 여름답지 않다.

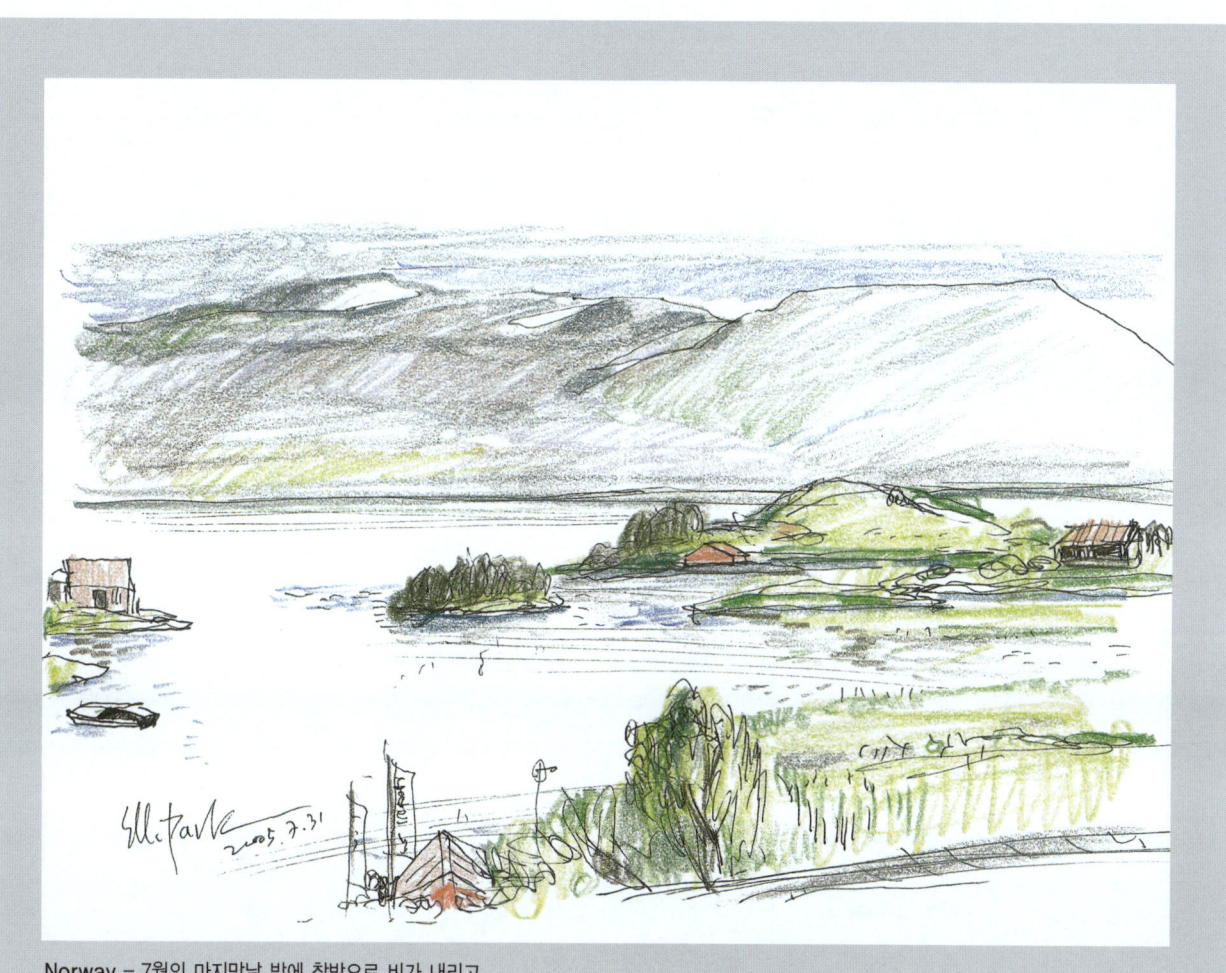

Norway – 7월의 마지막날 밤에 창밖으로 비가 내리고.

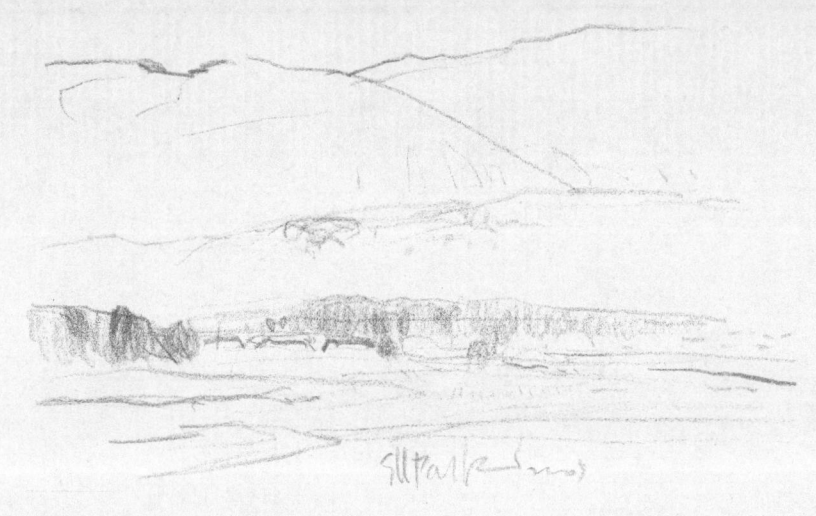

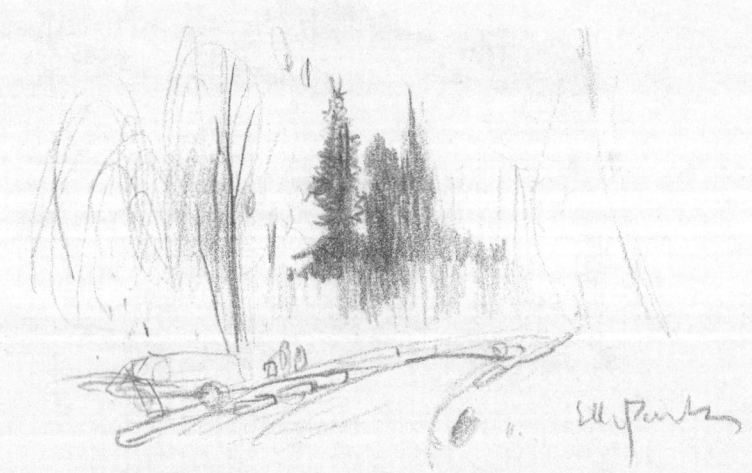

Norway – 길따라 피요르드를 向해 가며 Bus에서 수많은 스케치를 한다.

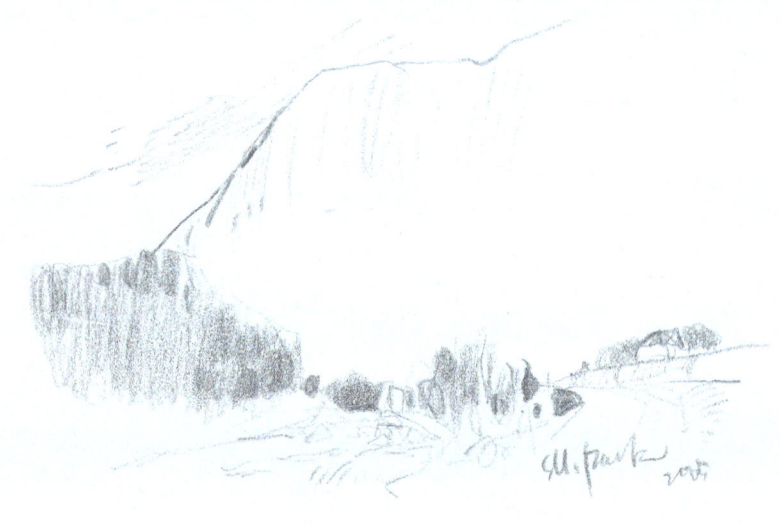

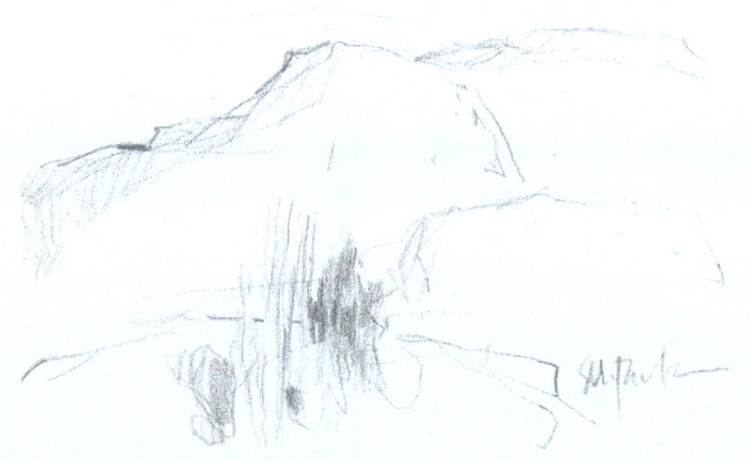

– Norway –

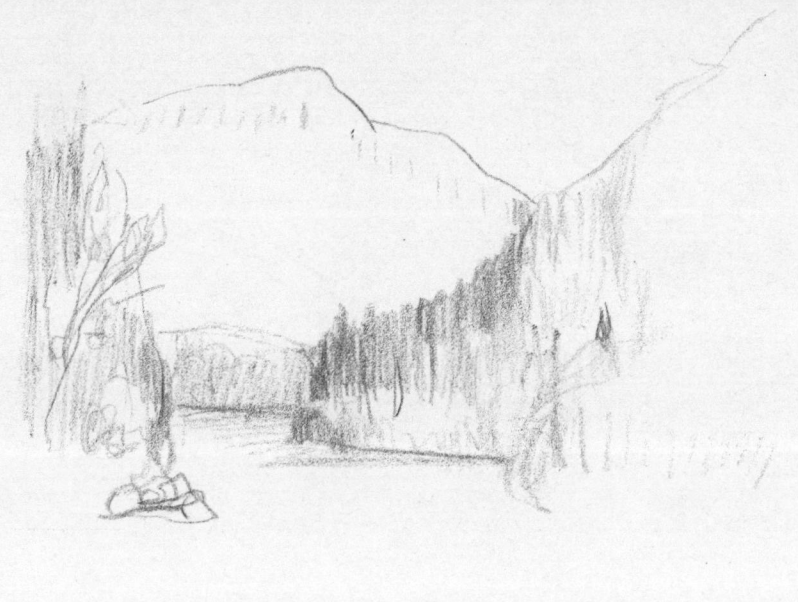

Gol

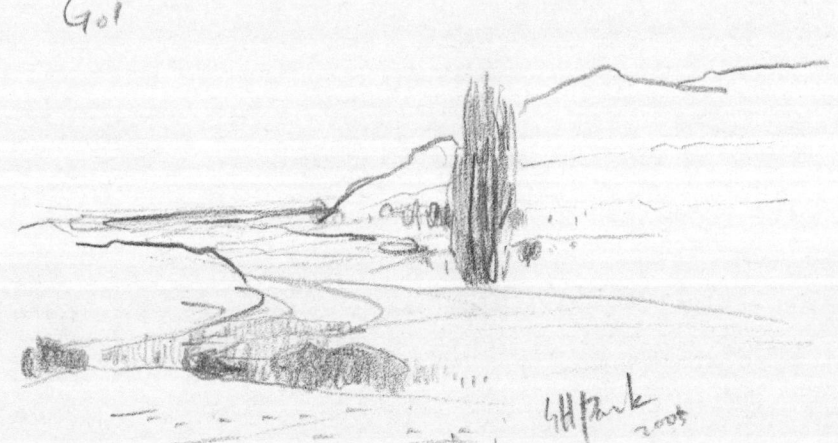

SHPark
2008

82

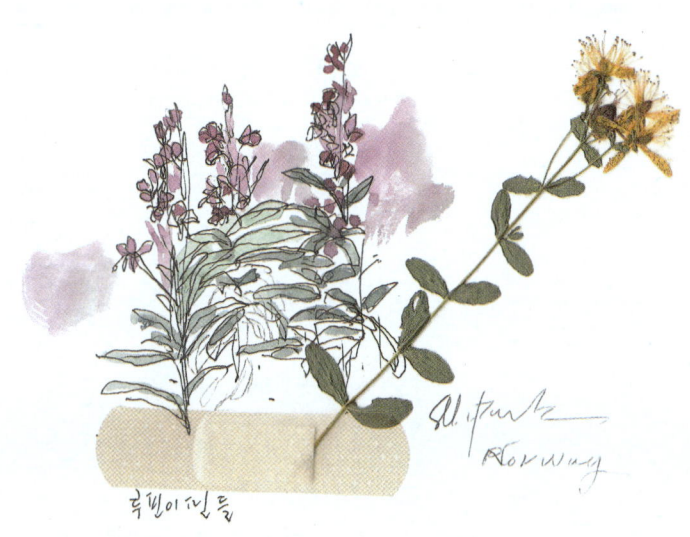

루핀이팥들

Ulpurk
Norway

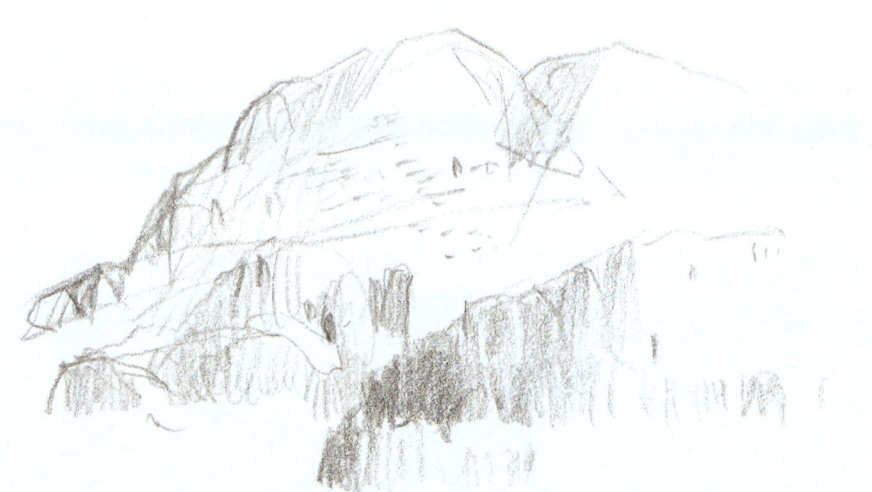

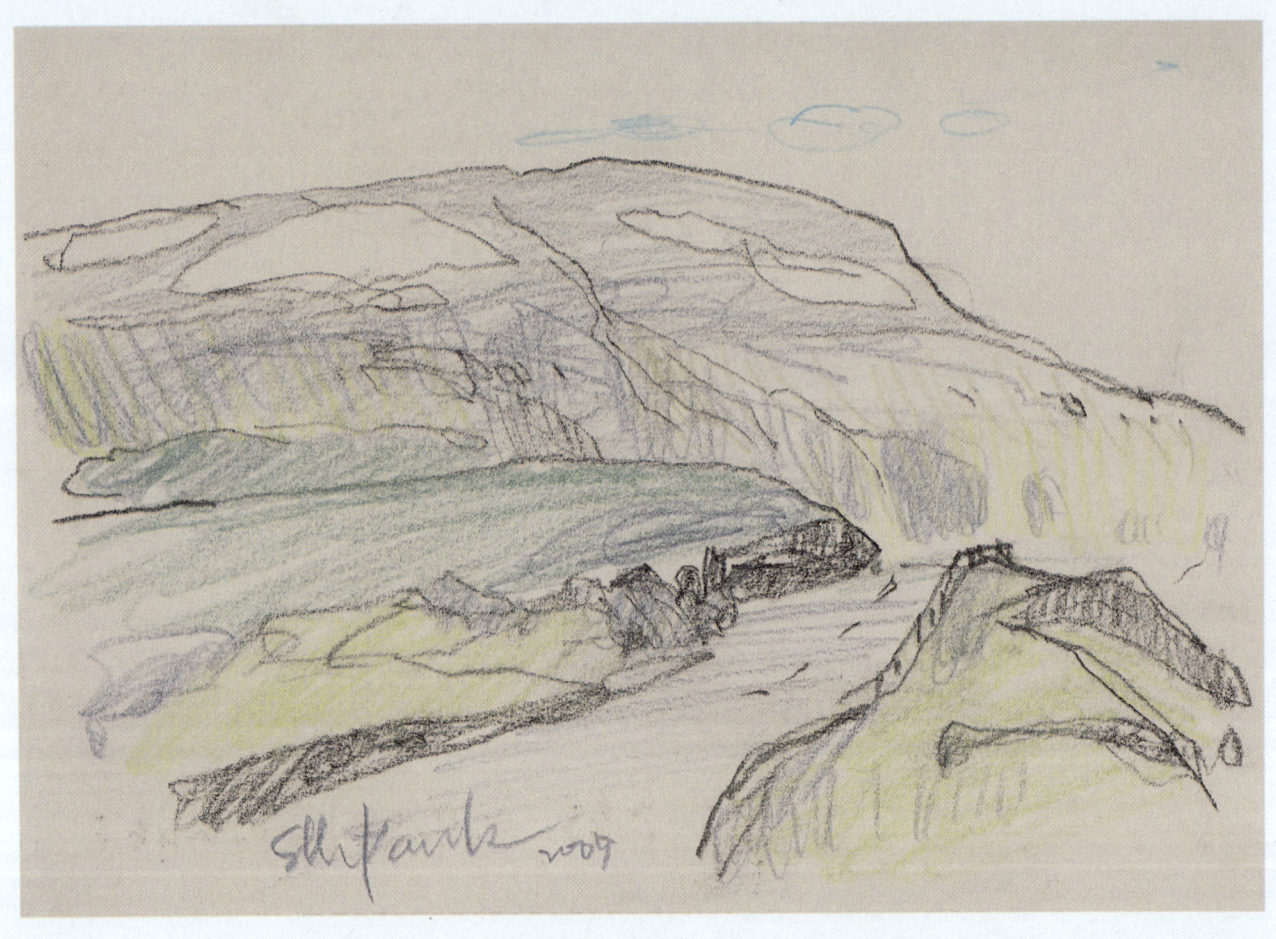

– Norway –

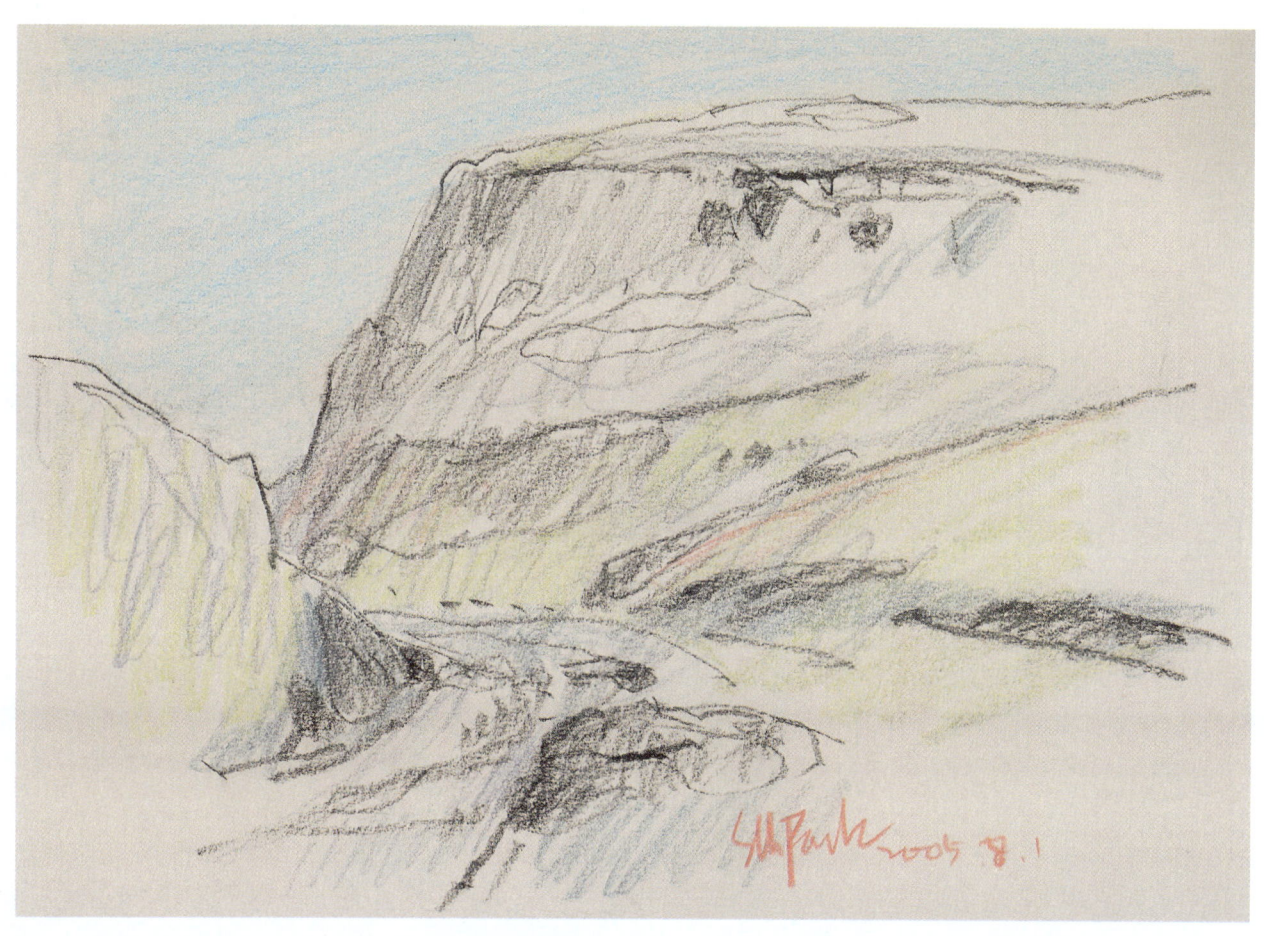

– Norway –

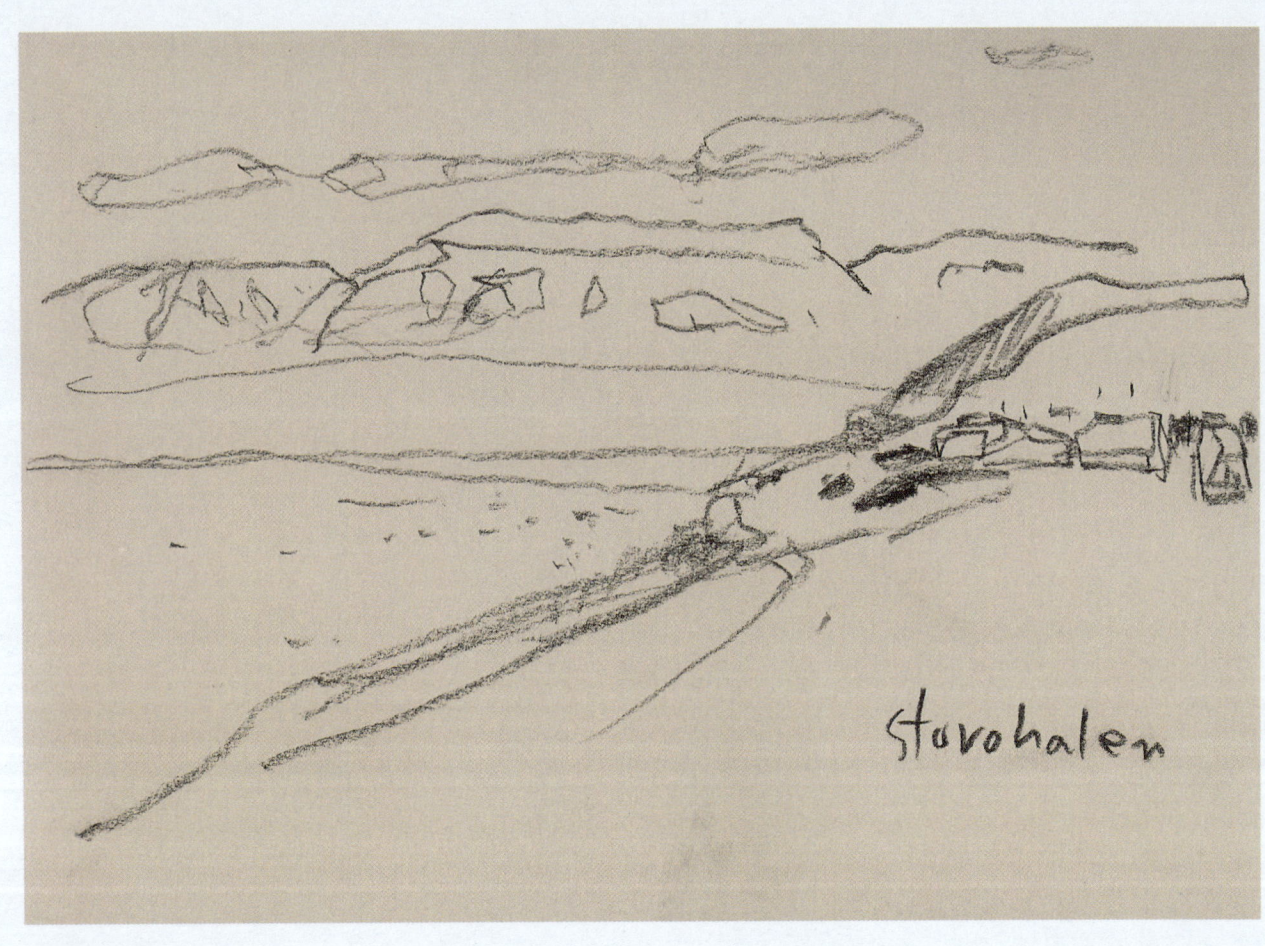

Storohalen

– Norway –

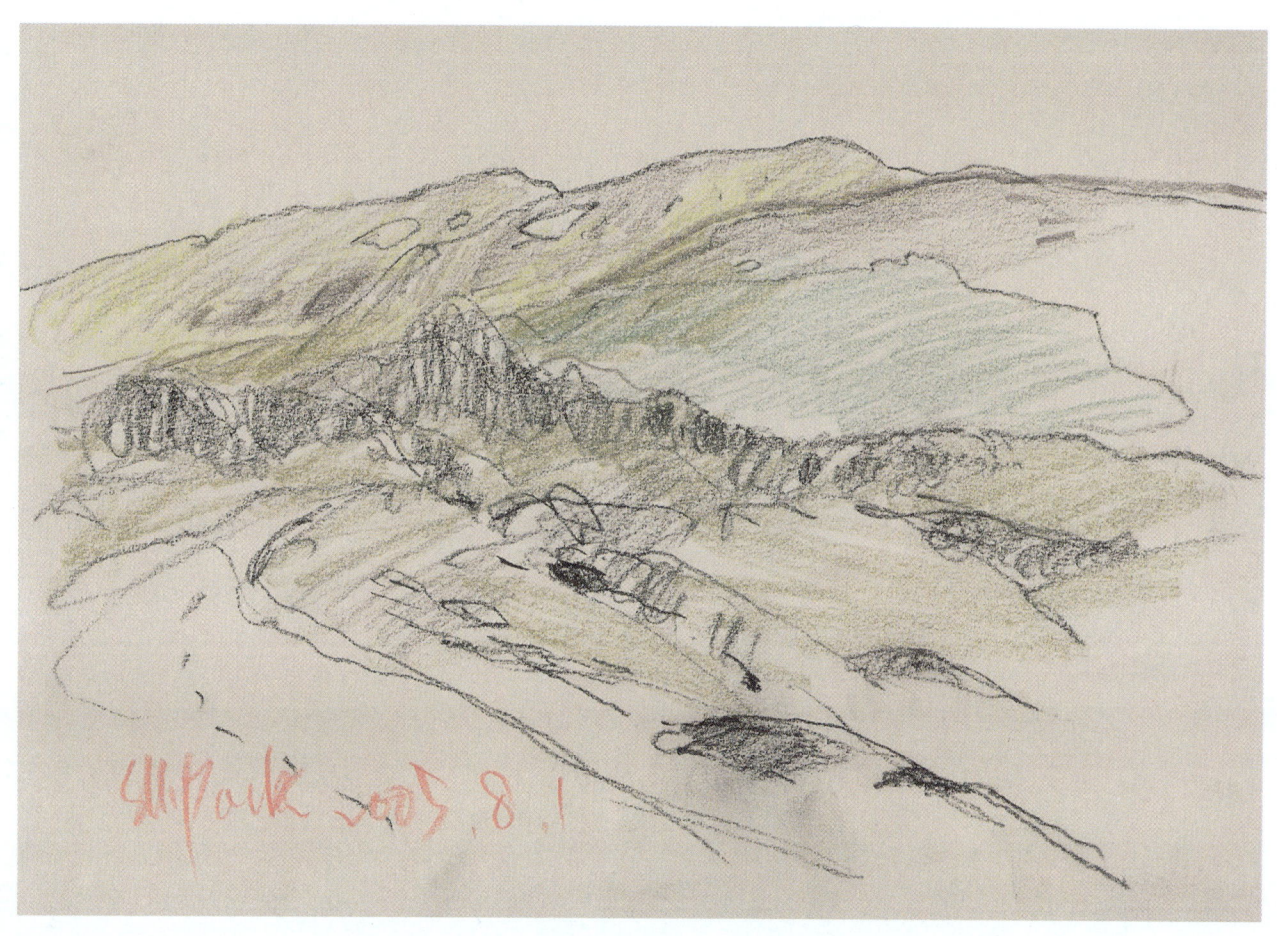

– Norway –

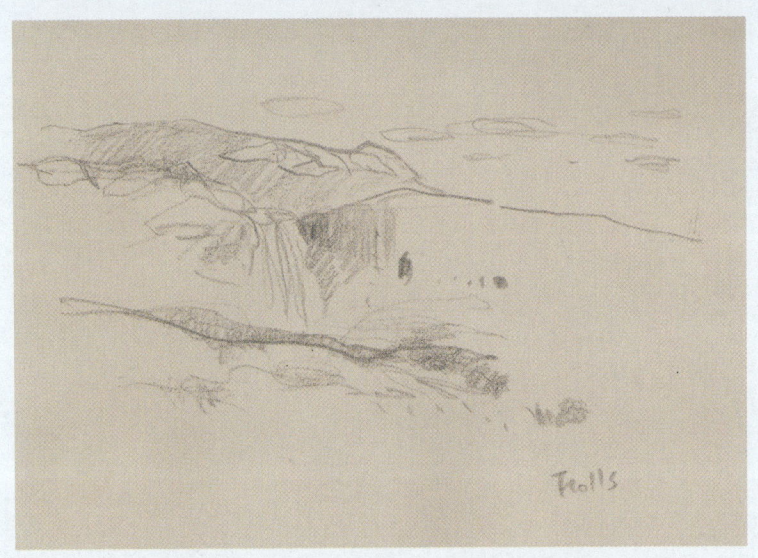

Trolls

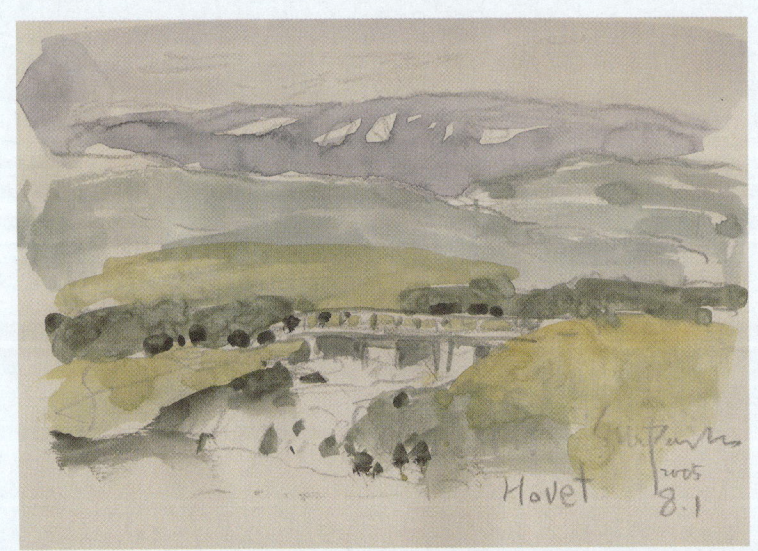

Hovet

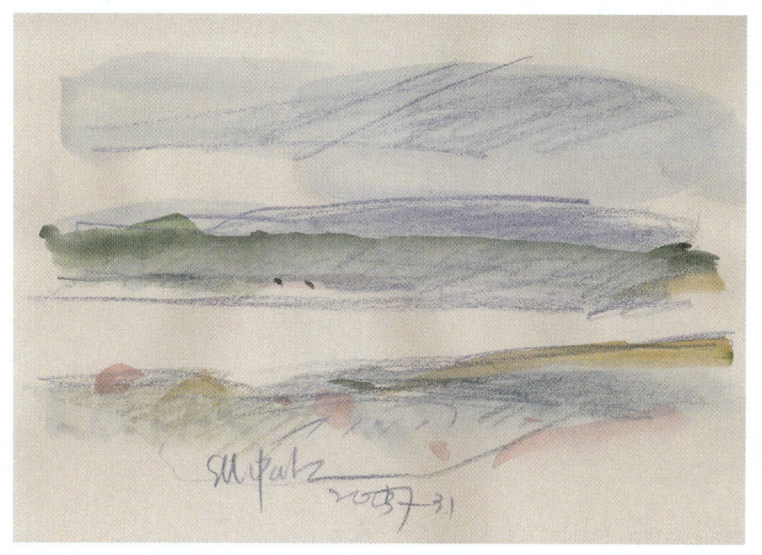

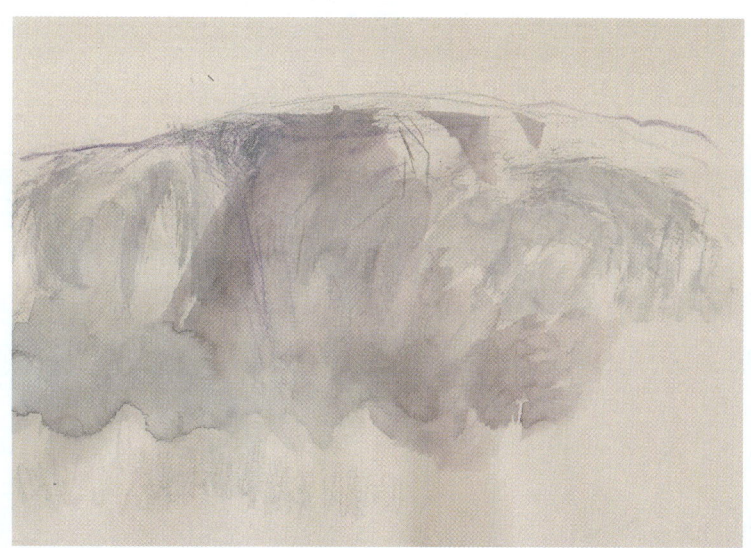

– Norway –

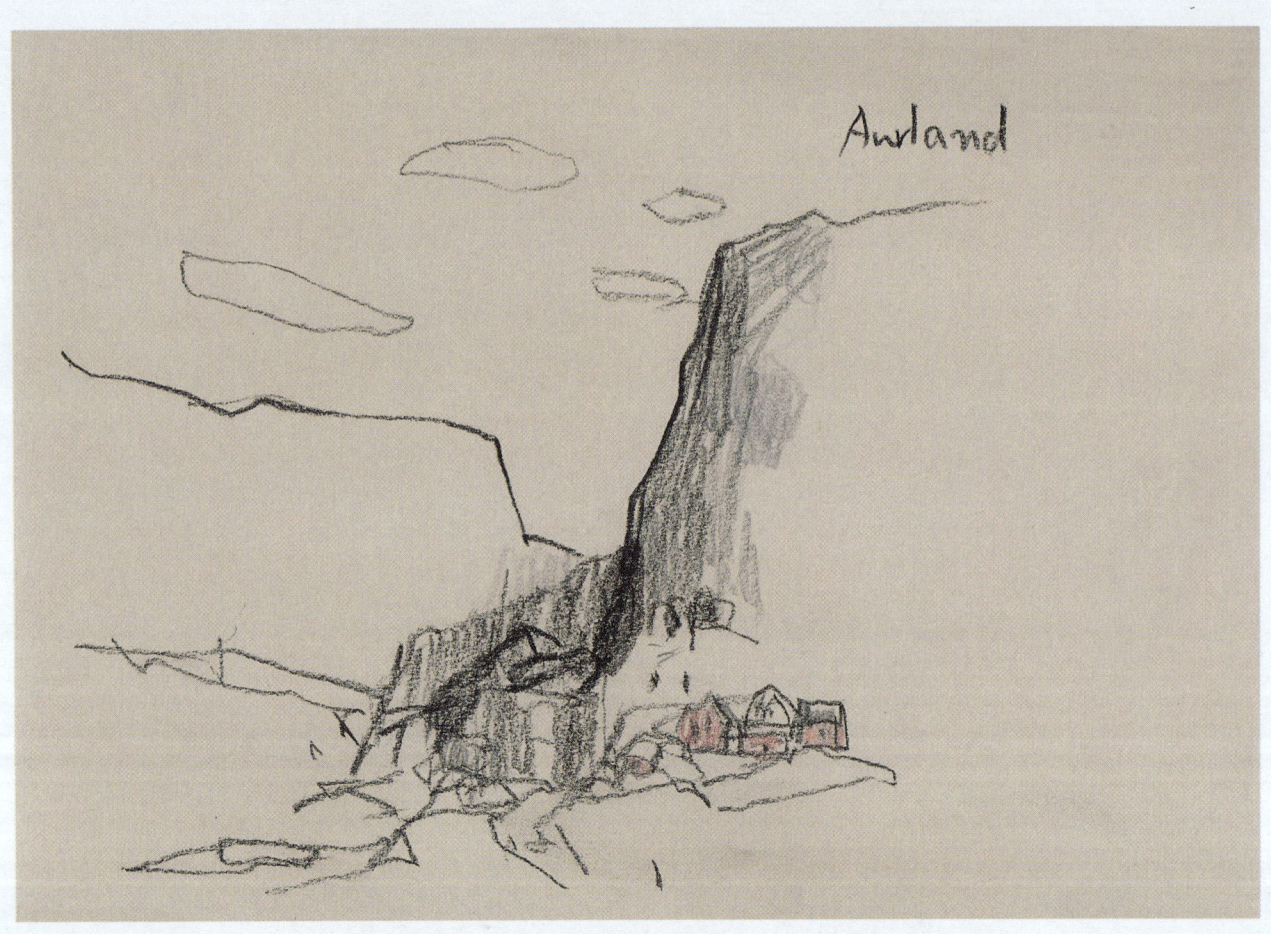

– Songne fiord –

90

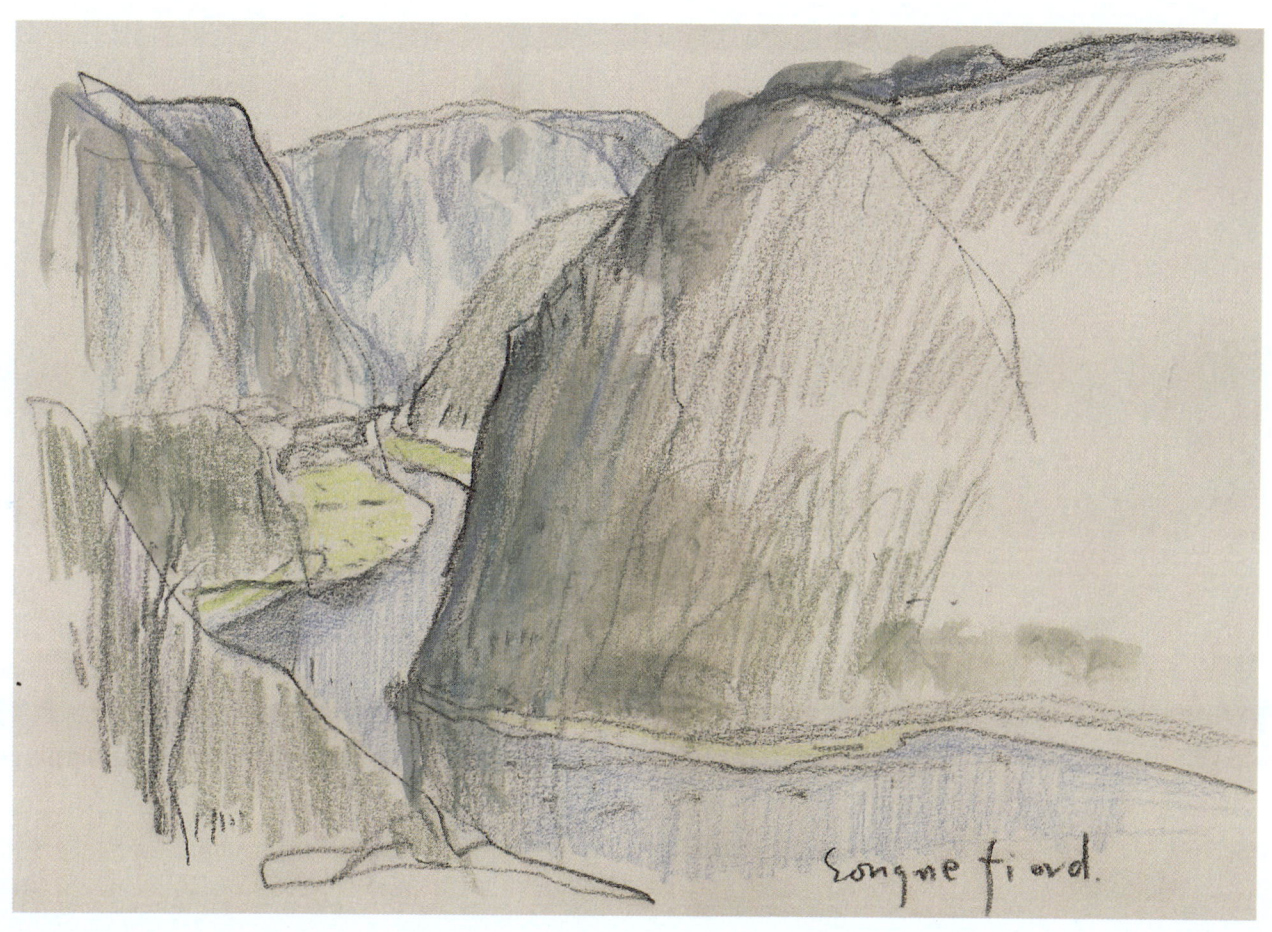

– Songne fiord –

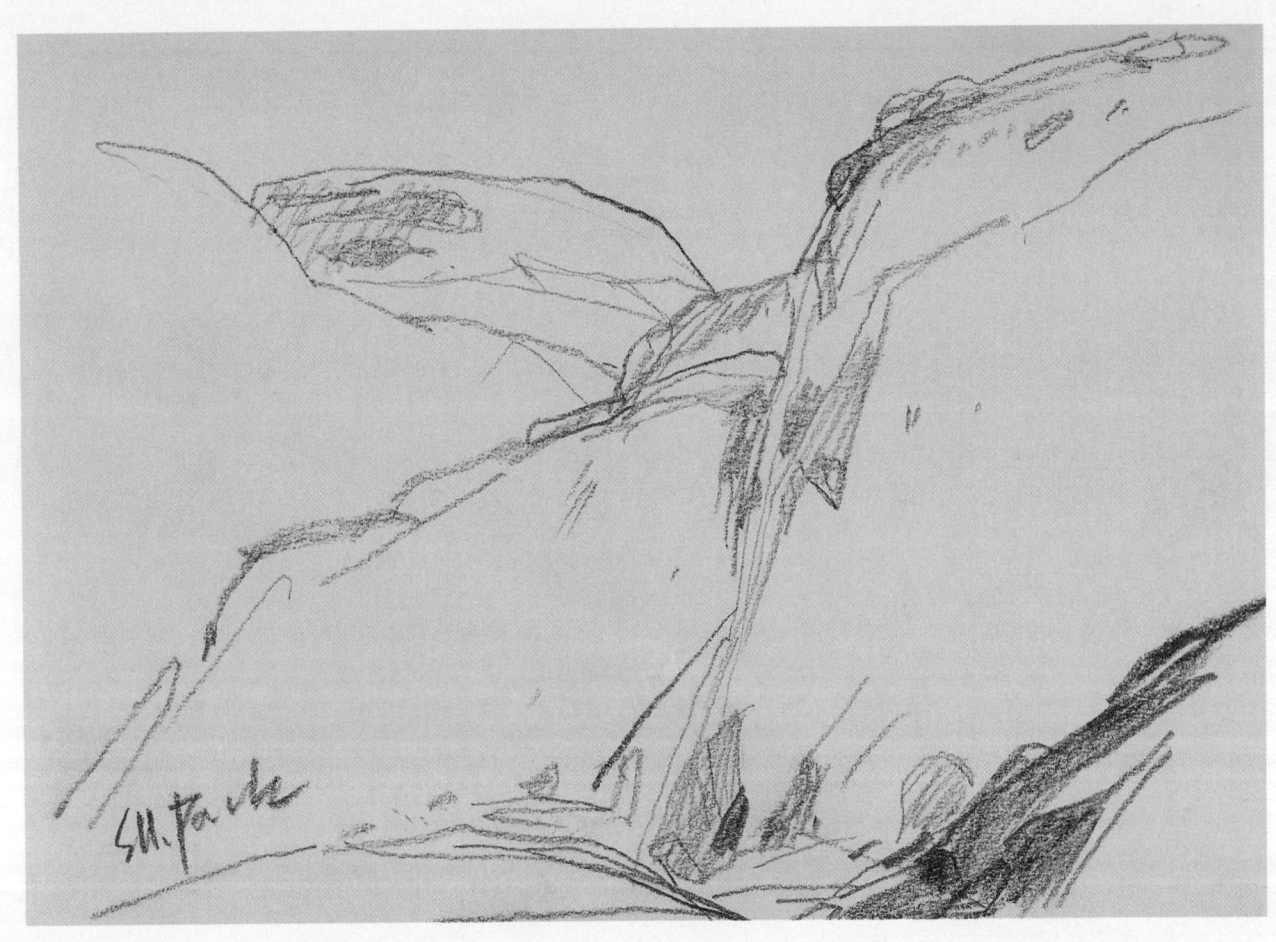

달손 – 산악마을은 피요르드와 함께 한줄기 폭포가 하얀 실처럼 뻗어 있다.

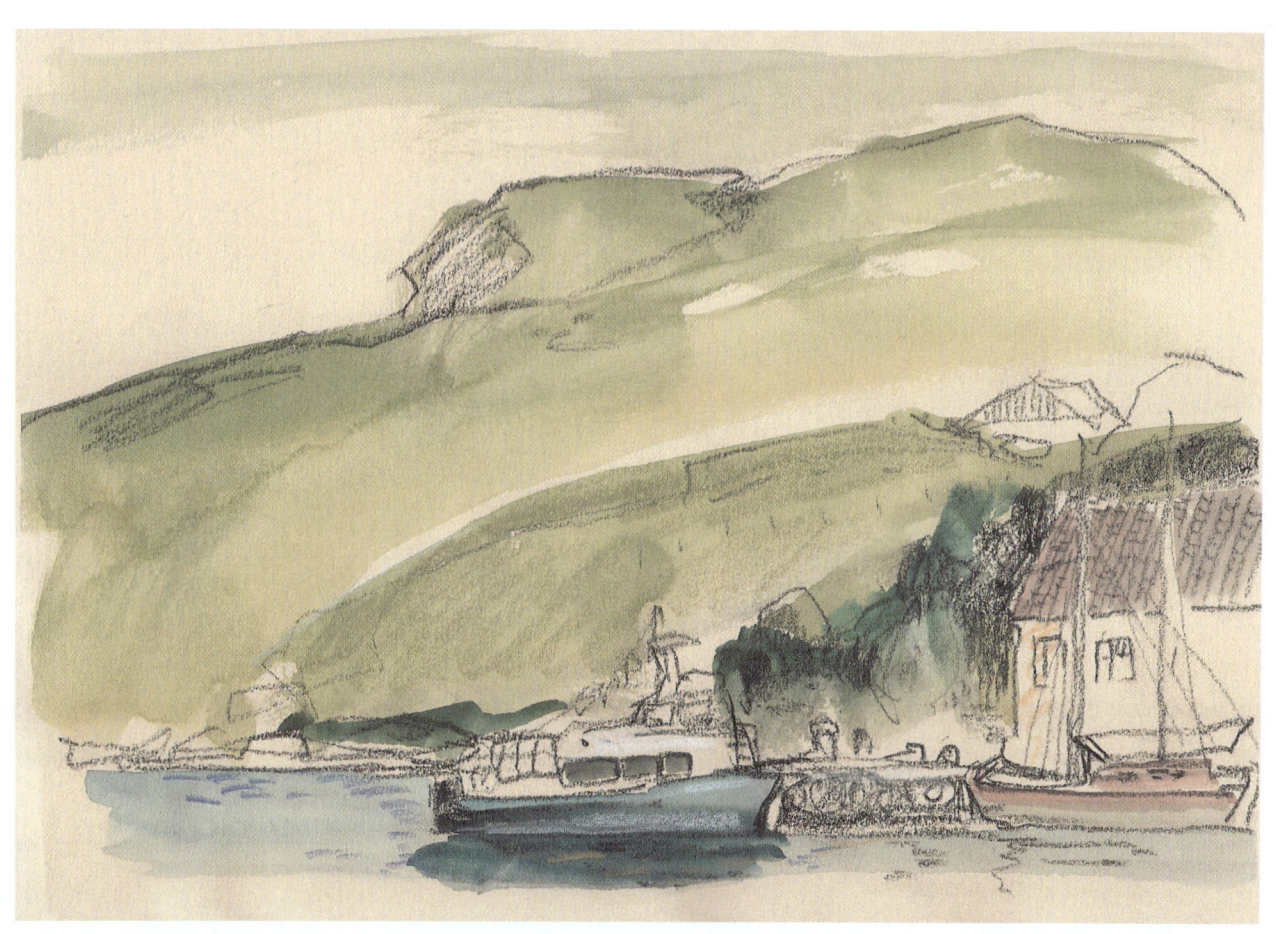

게이랑게르 – 이곳에 도착하면 노르웨이의 피요르드 모습이 시작된다.

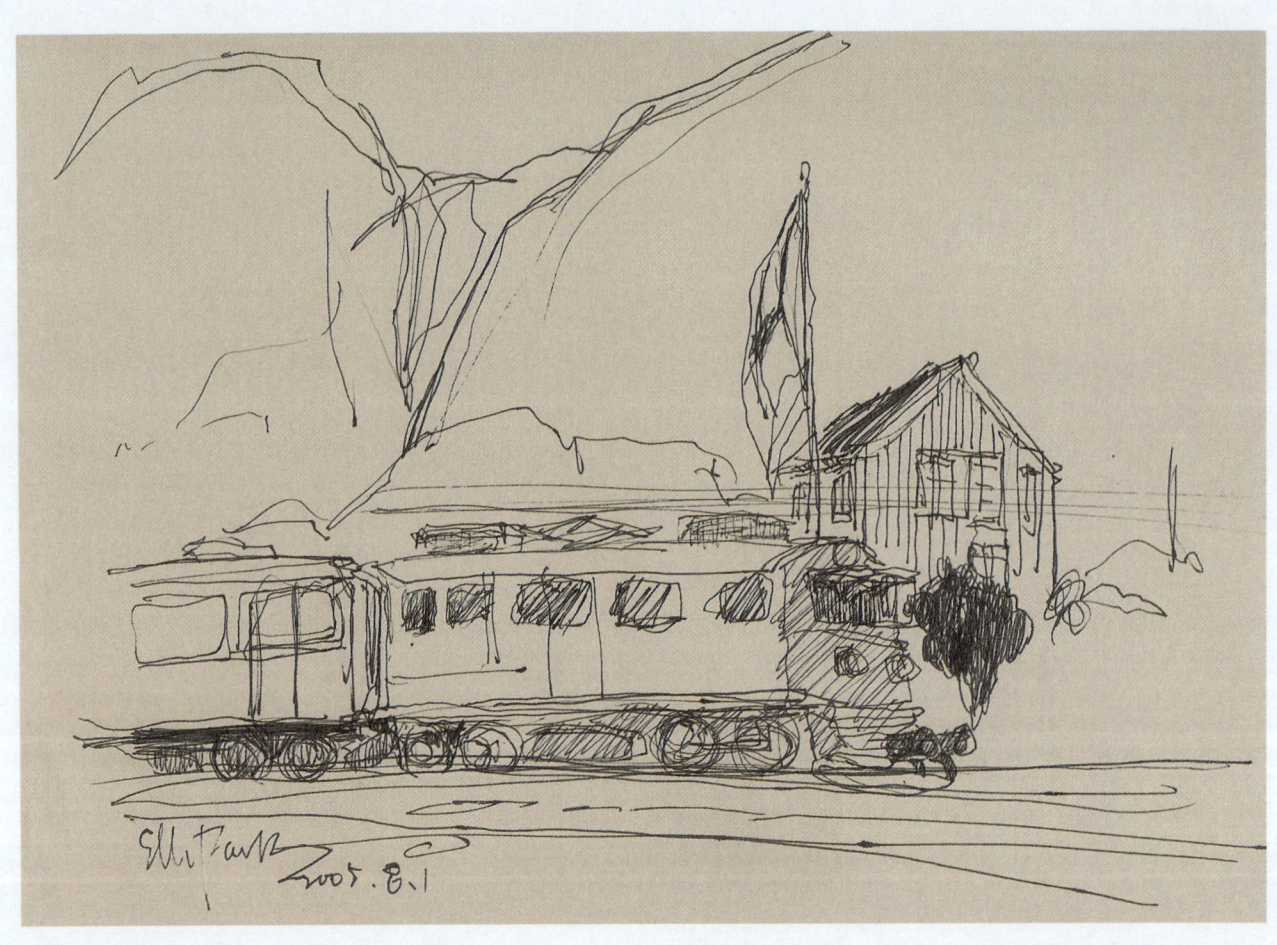

뮈르달 – 기차역에서 빠알간 기차를 보고.

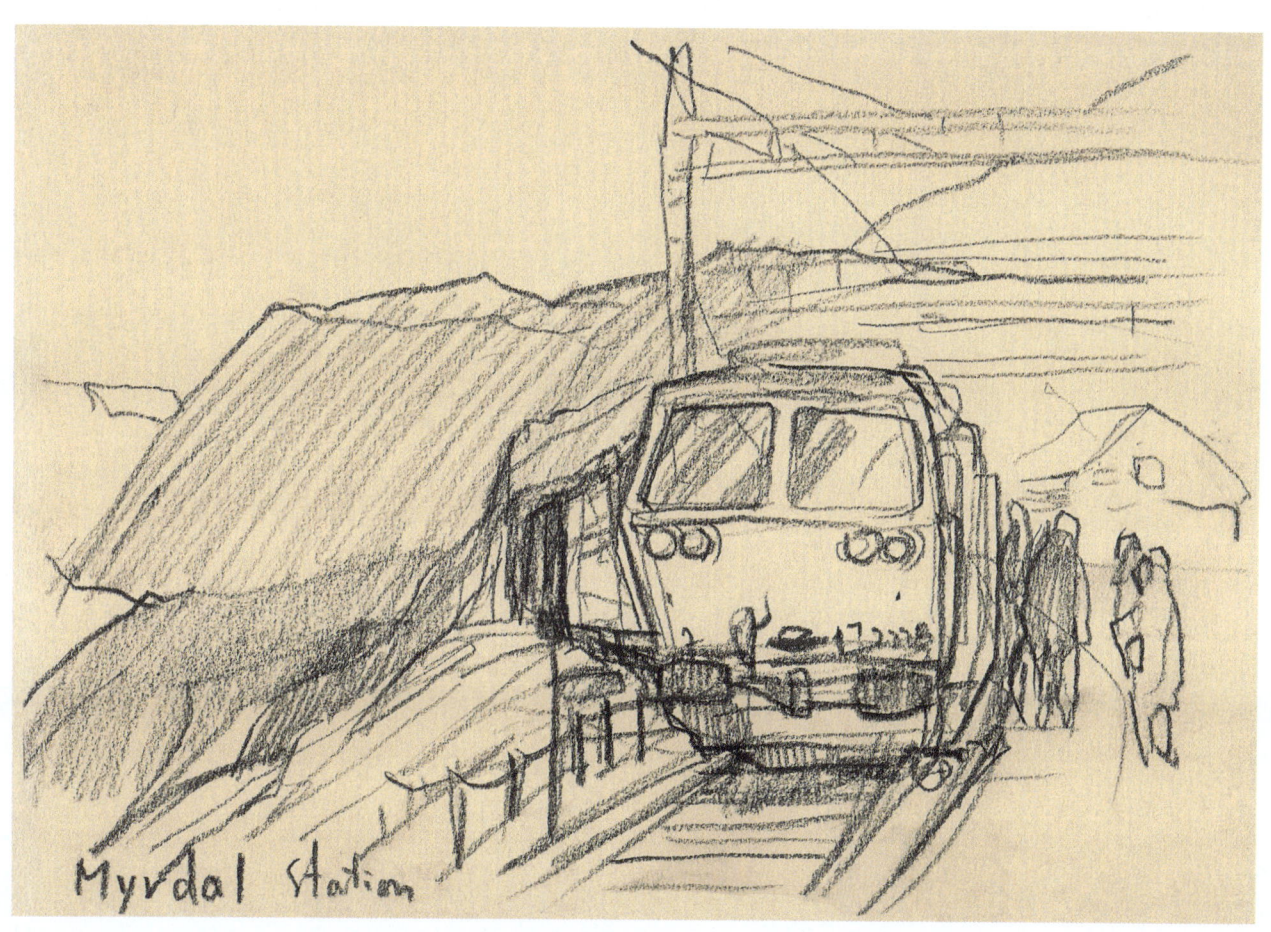

Myrdal Station

뮈르달 – 산정까지 올라가니 여기저기서 눈 녹은 폭포물이 흘러내린다.

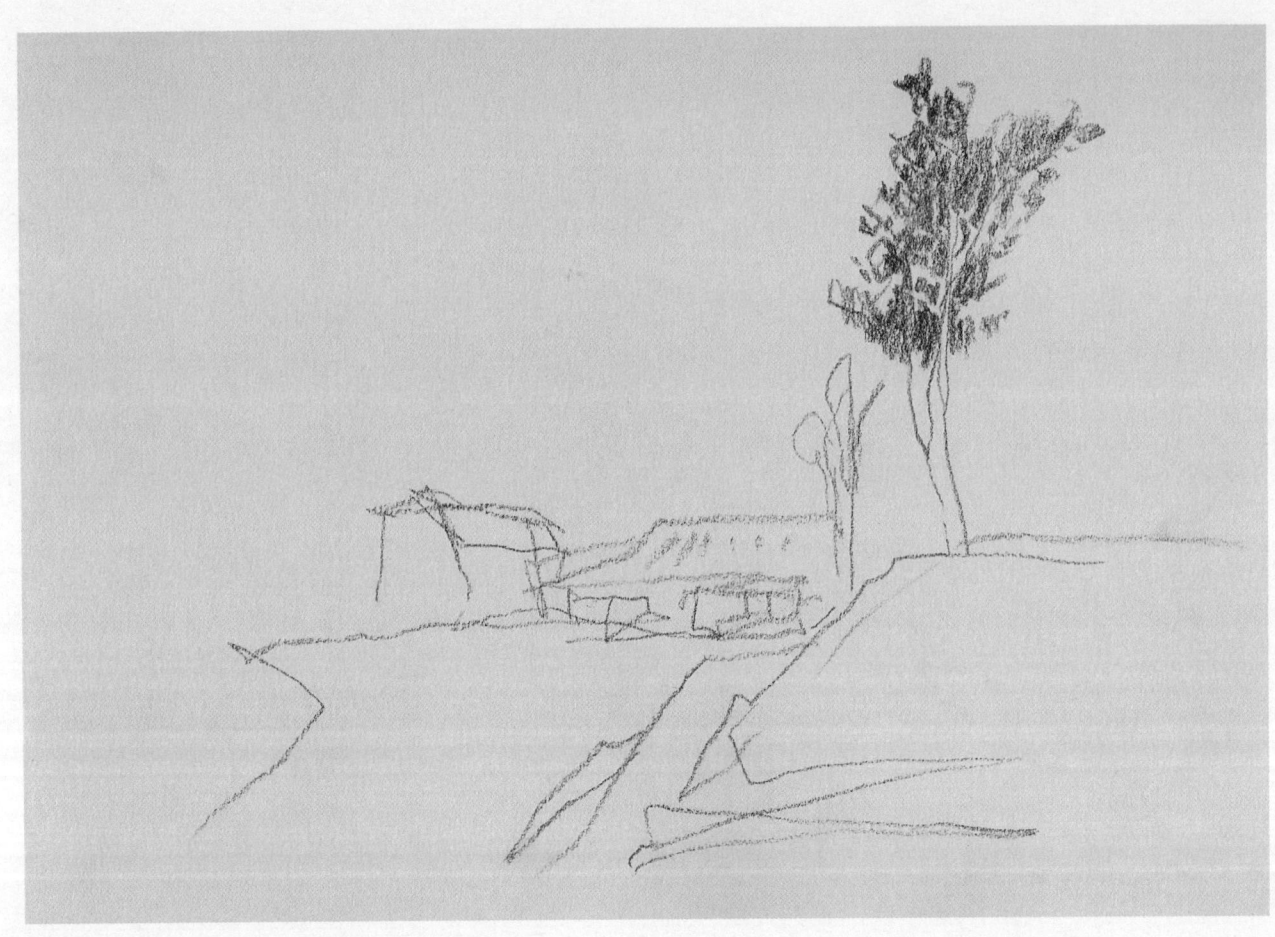

뮈르달 – 기차에서 슥슥 그리는데 에! 지나버렸어.

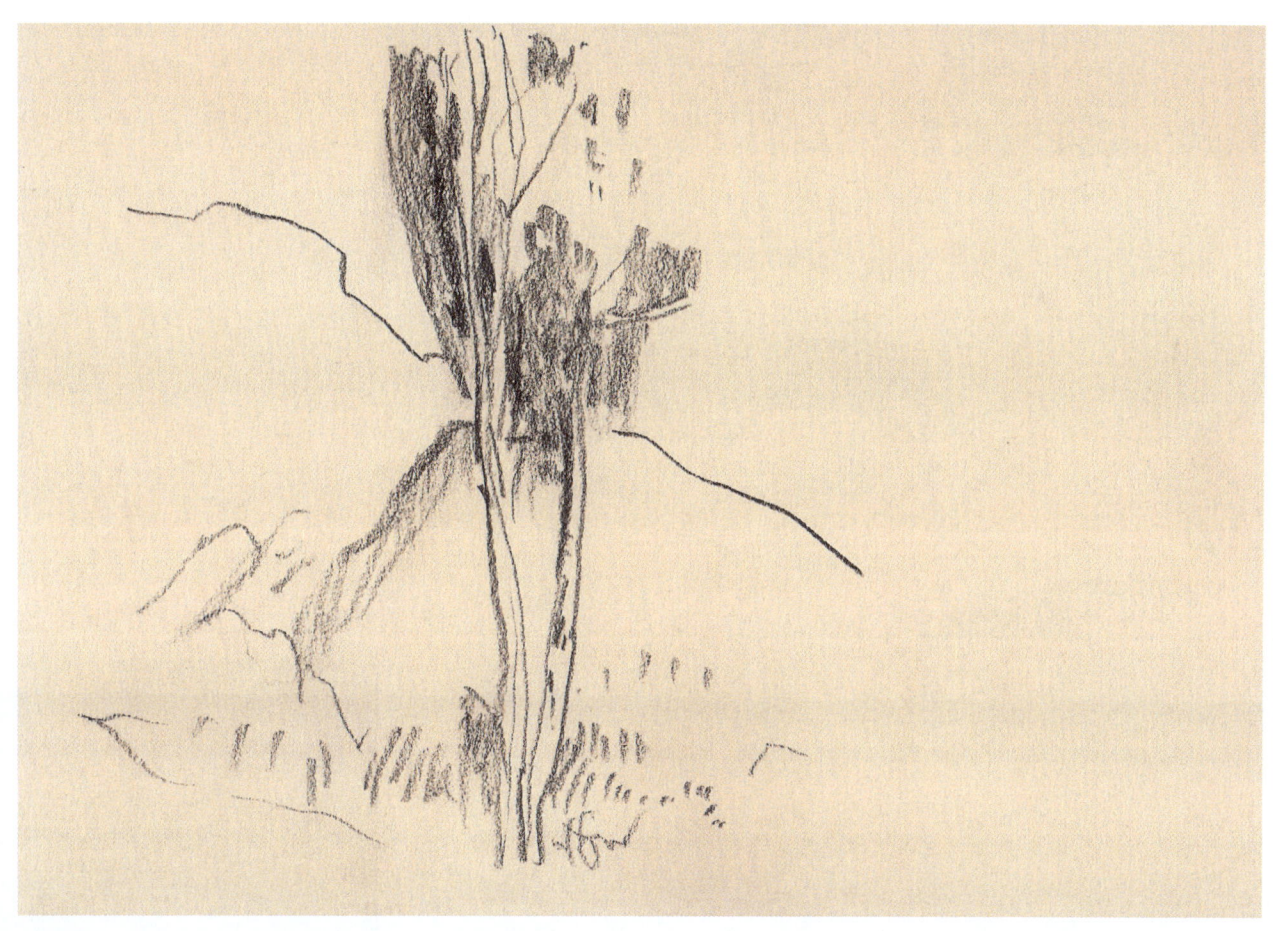

- 뮈르달 -

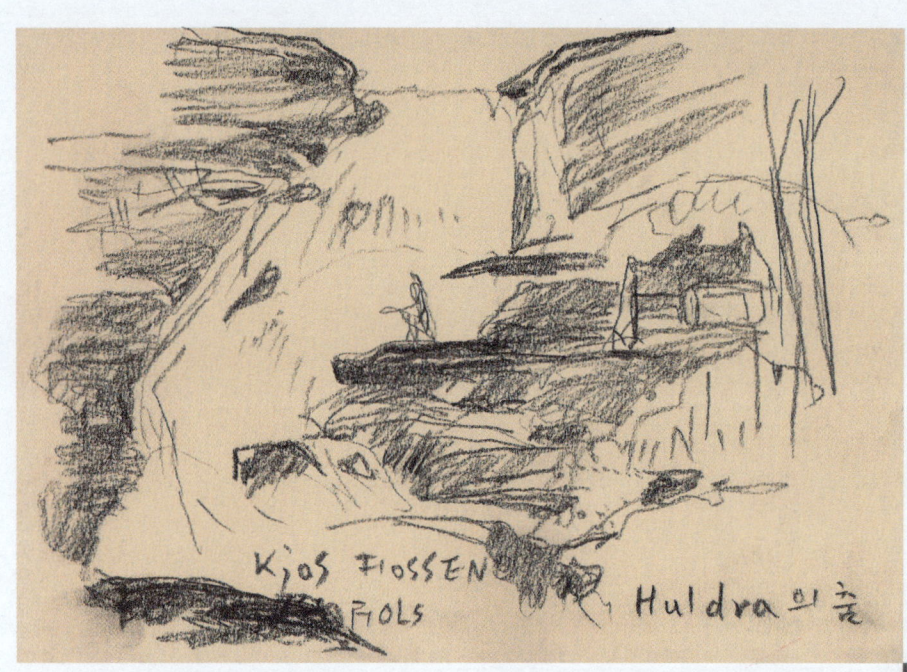

뮈르달 – Huldra의 춤을 잠깐보고.

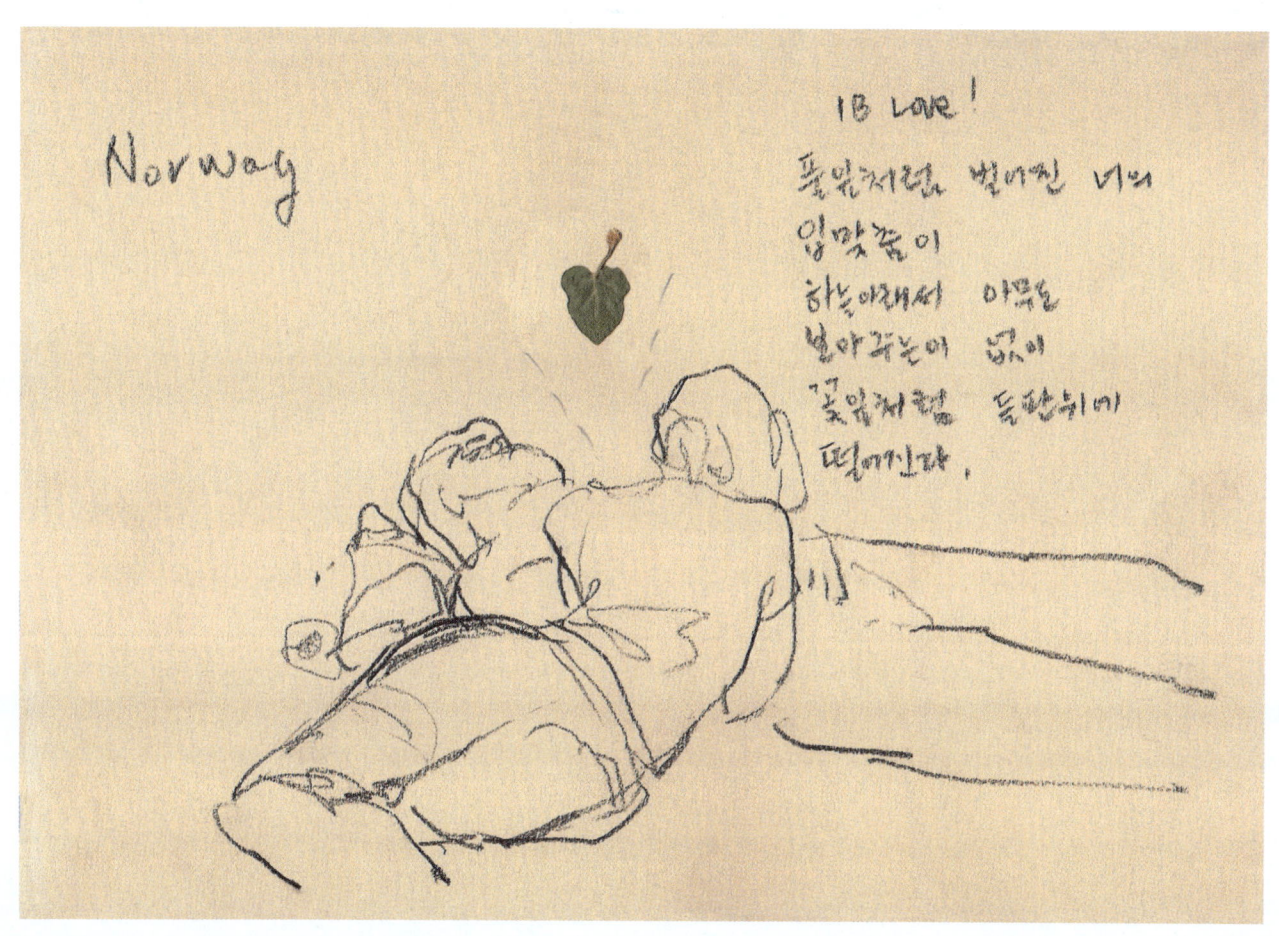

Norway

IN LOVE!

풀잎처럼 벌어진 너의
입맞춤이
하늘아래서 아무를
받아주는이 없이
꽃잎처럼 들판위에
떨어진다.

Norway - 젊은 그들은 들판에 누우면 사랑의 밀어가 시작되고.

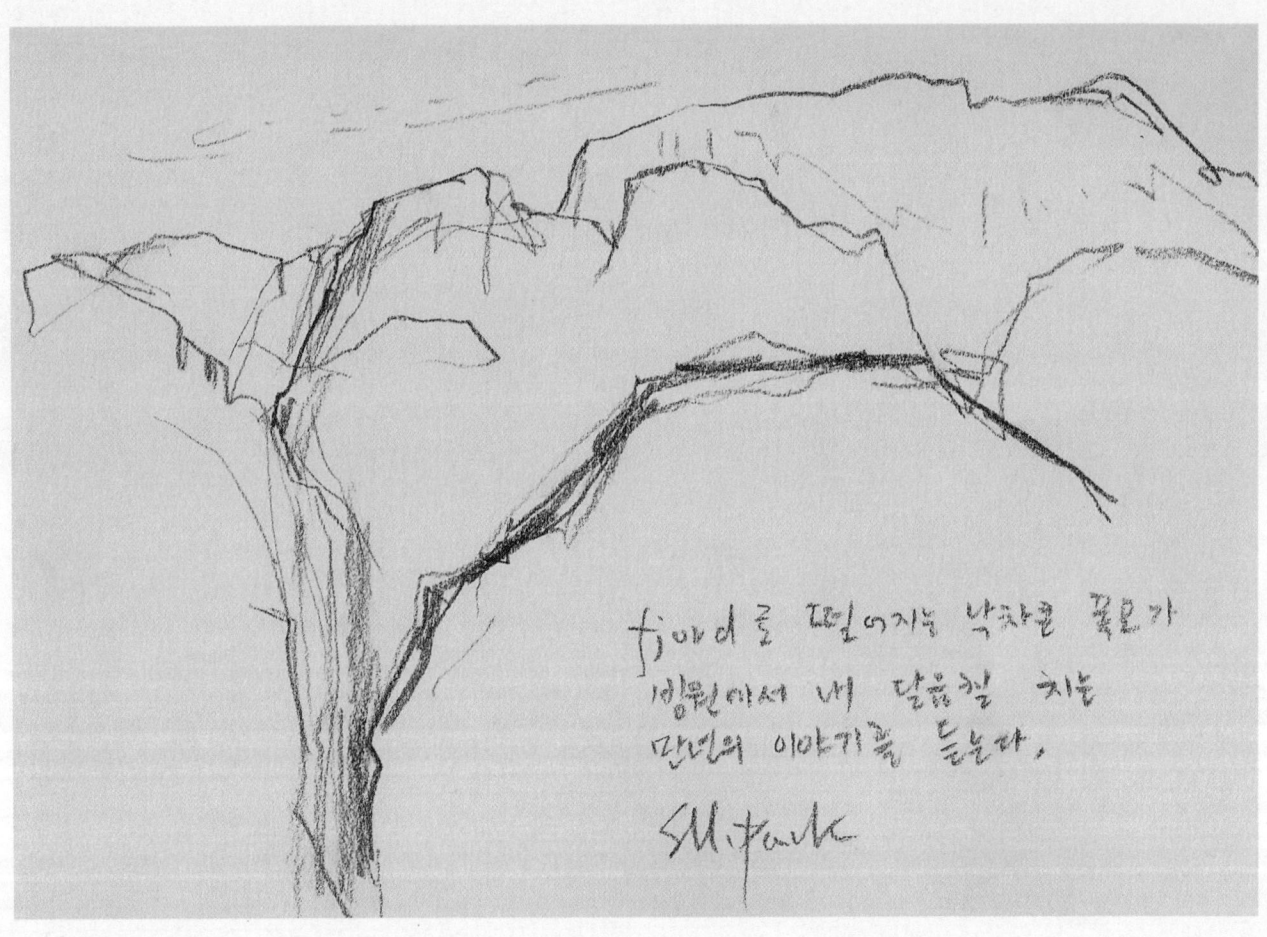

fjord를 대밀어지는 박차큰 끓모가
병원에서 내 달음질 치는
만년의 이야기를 듣는다.

SMfark

– Songne fiord –

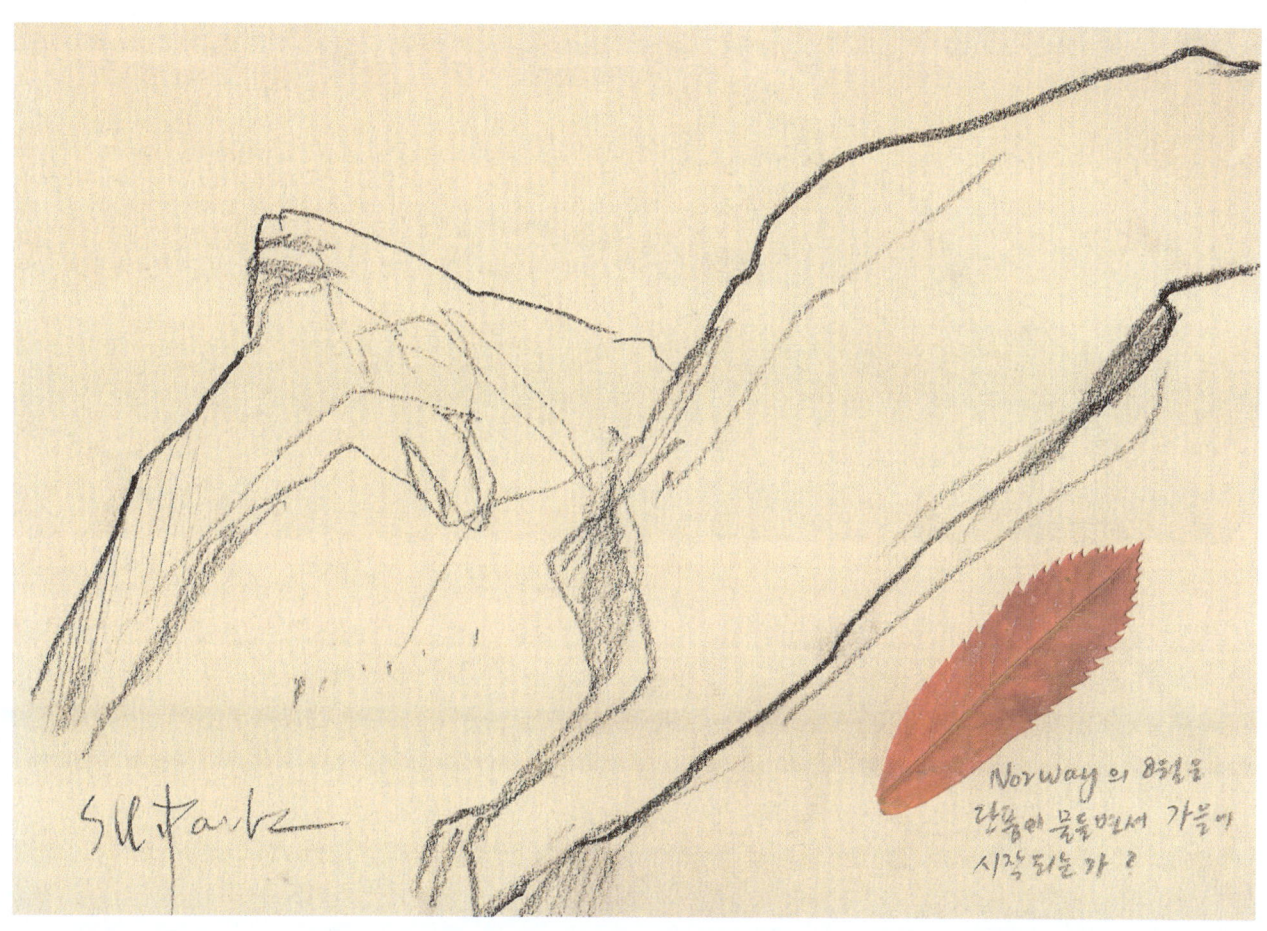

SUPark

Norway의 8월은
단풍에 물들면서 가을이
시작되는가 ?

− Songne fiord −

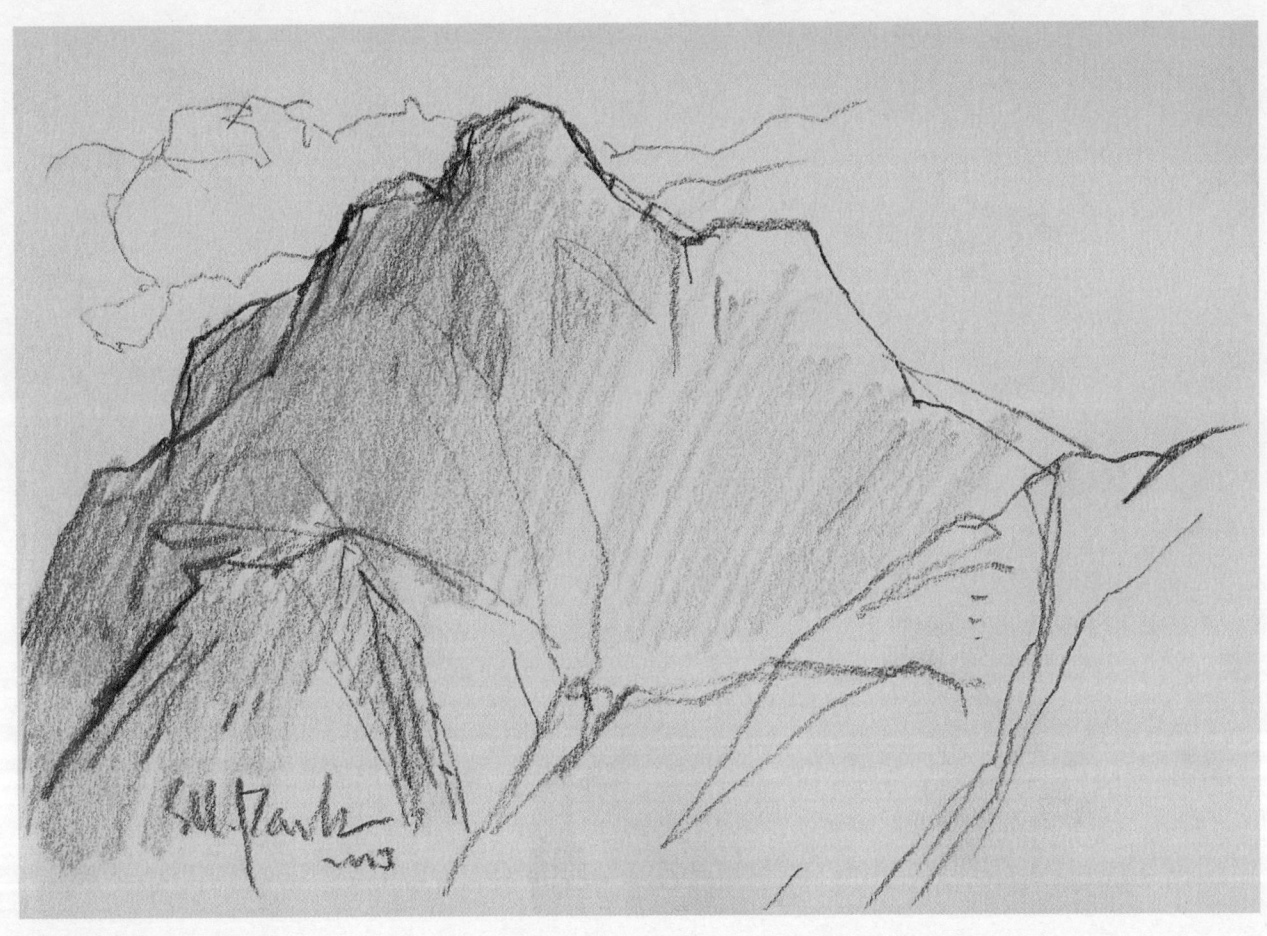

– Songne fiord –

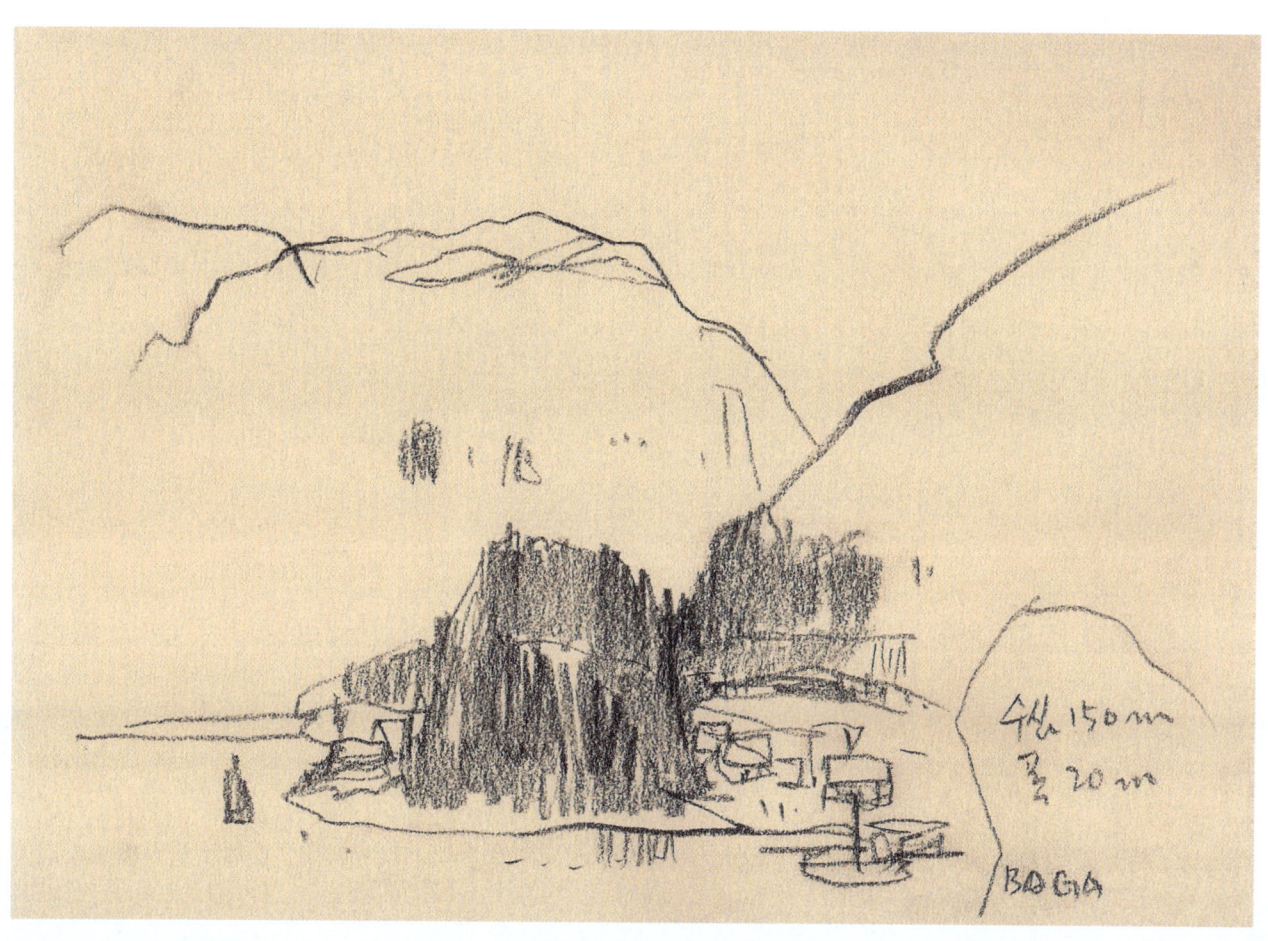

– Songne fiord –

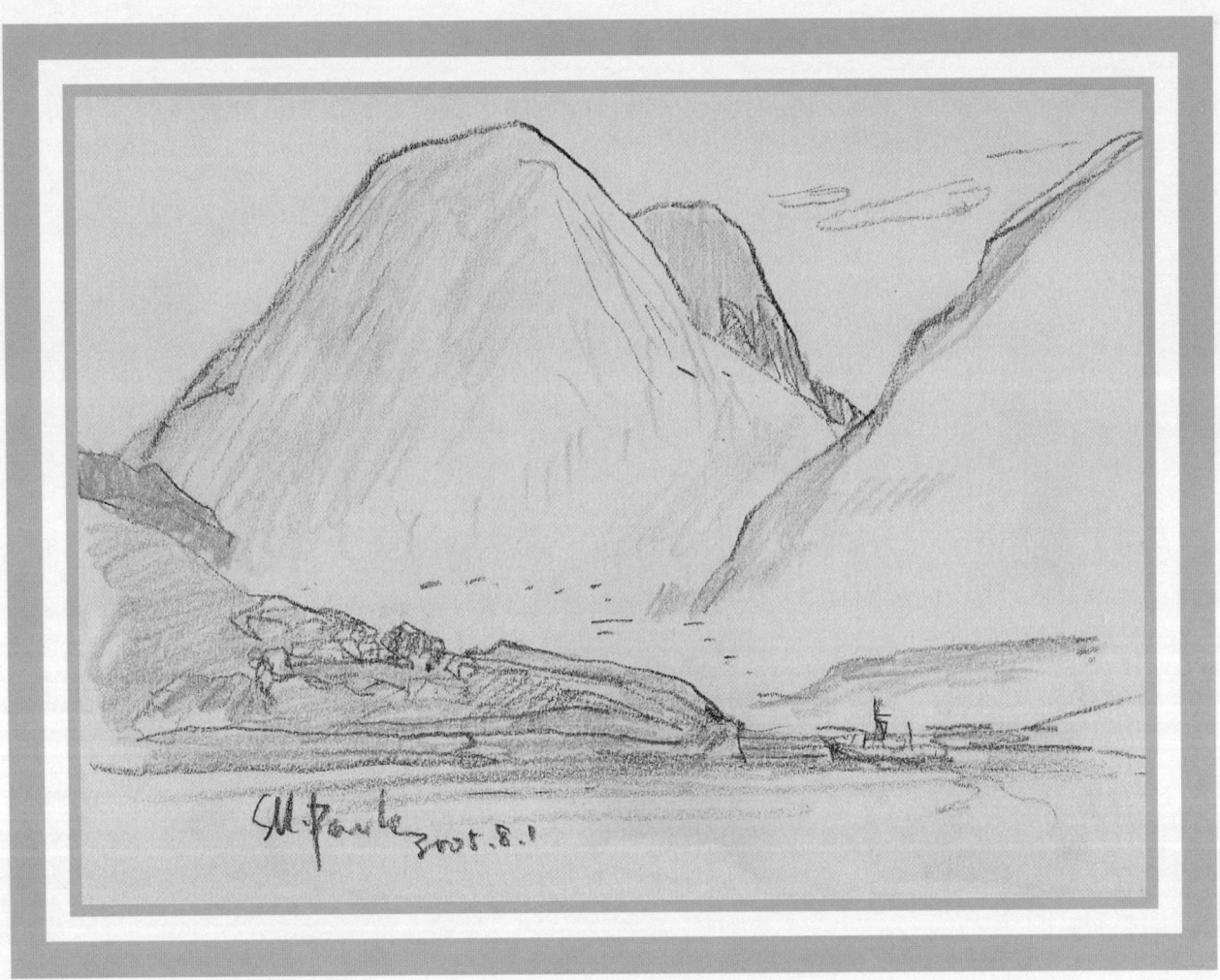

– Songne fiord –

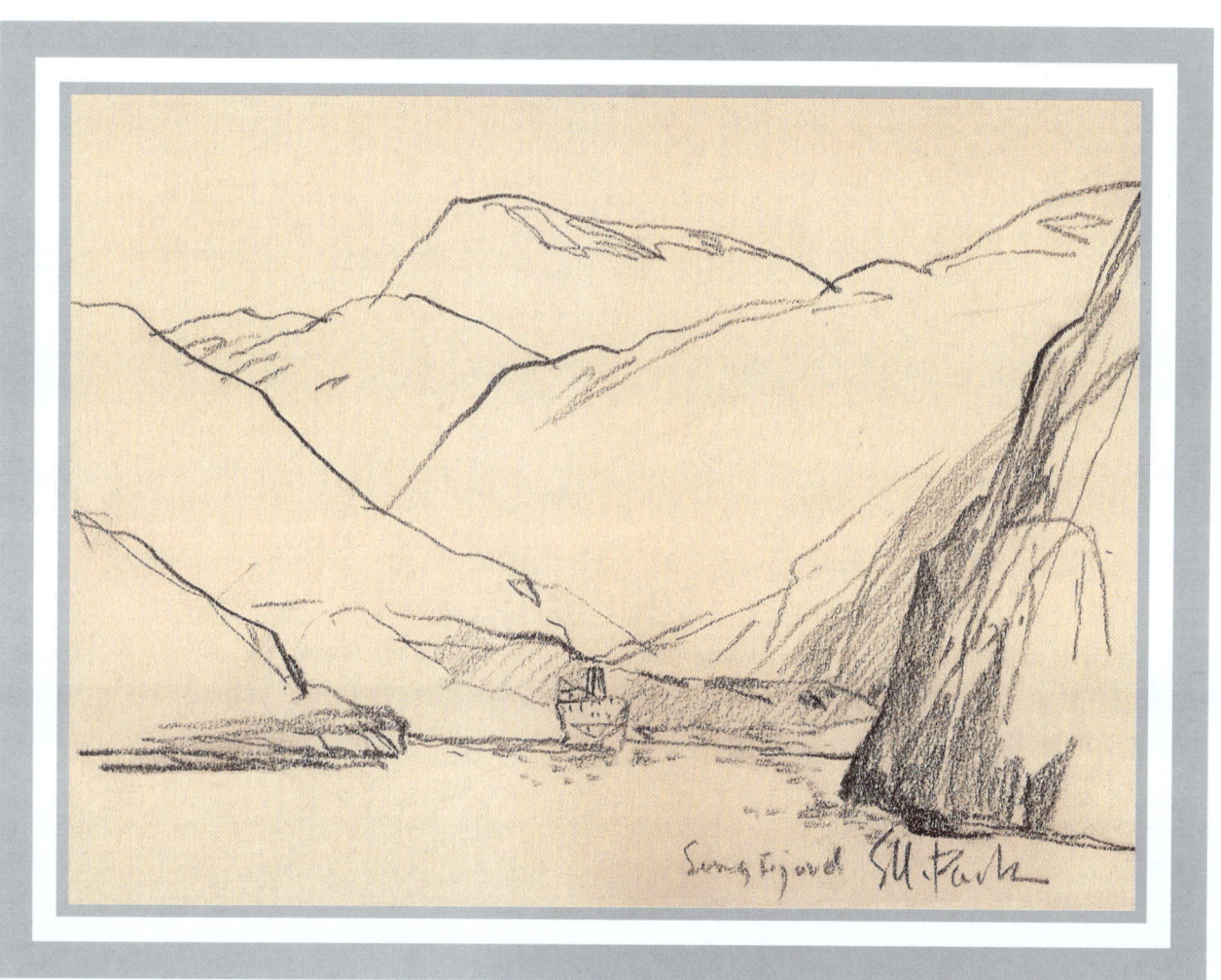

– Songne fiord –

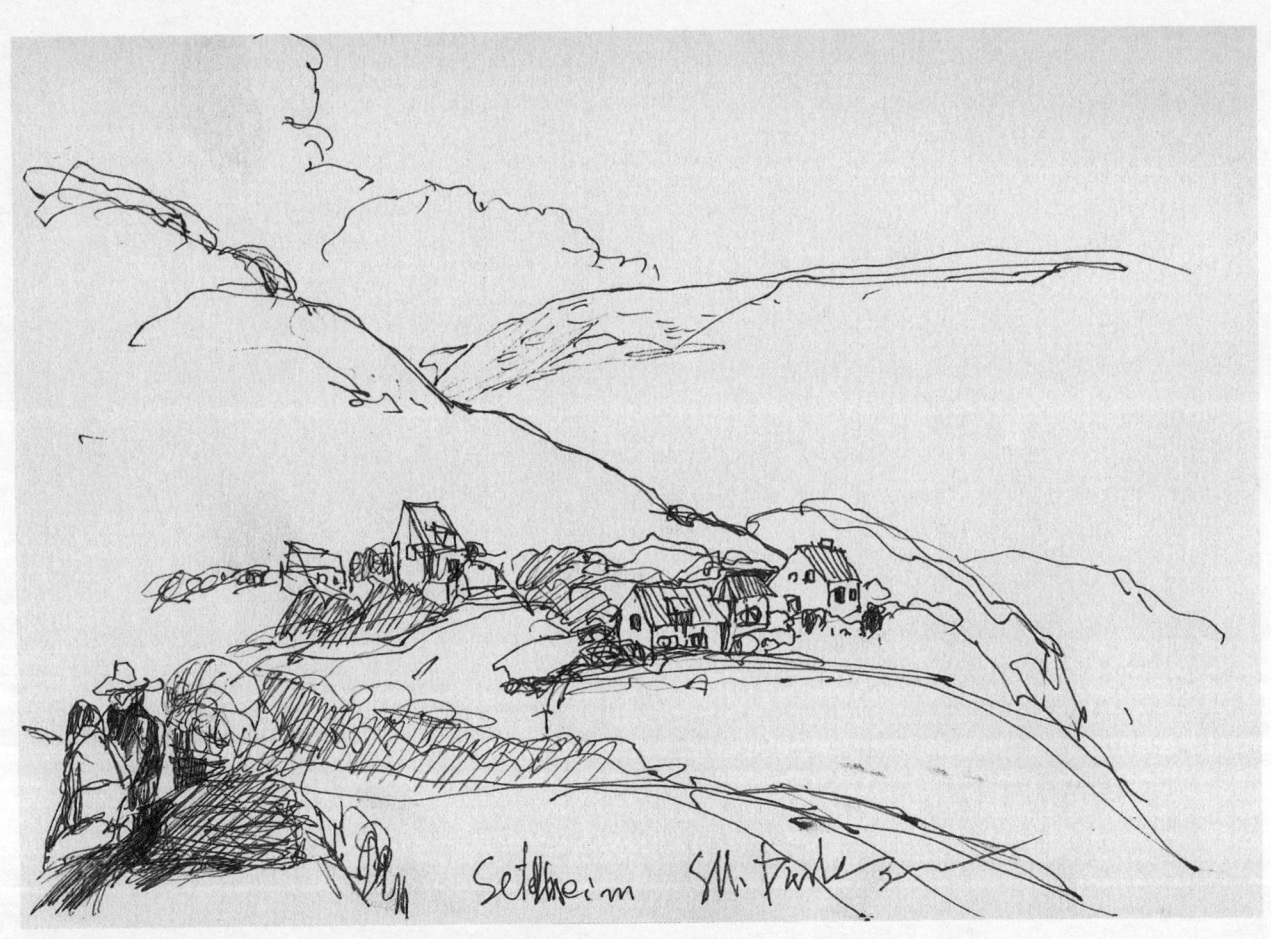

스텔하임 – 구석에 그려 놓은 미국의 부녀, 그려진 스케치를 달라고 졸라대서 참 힘이 들었다.

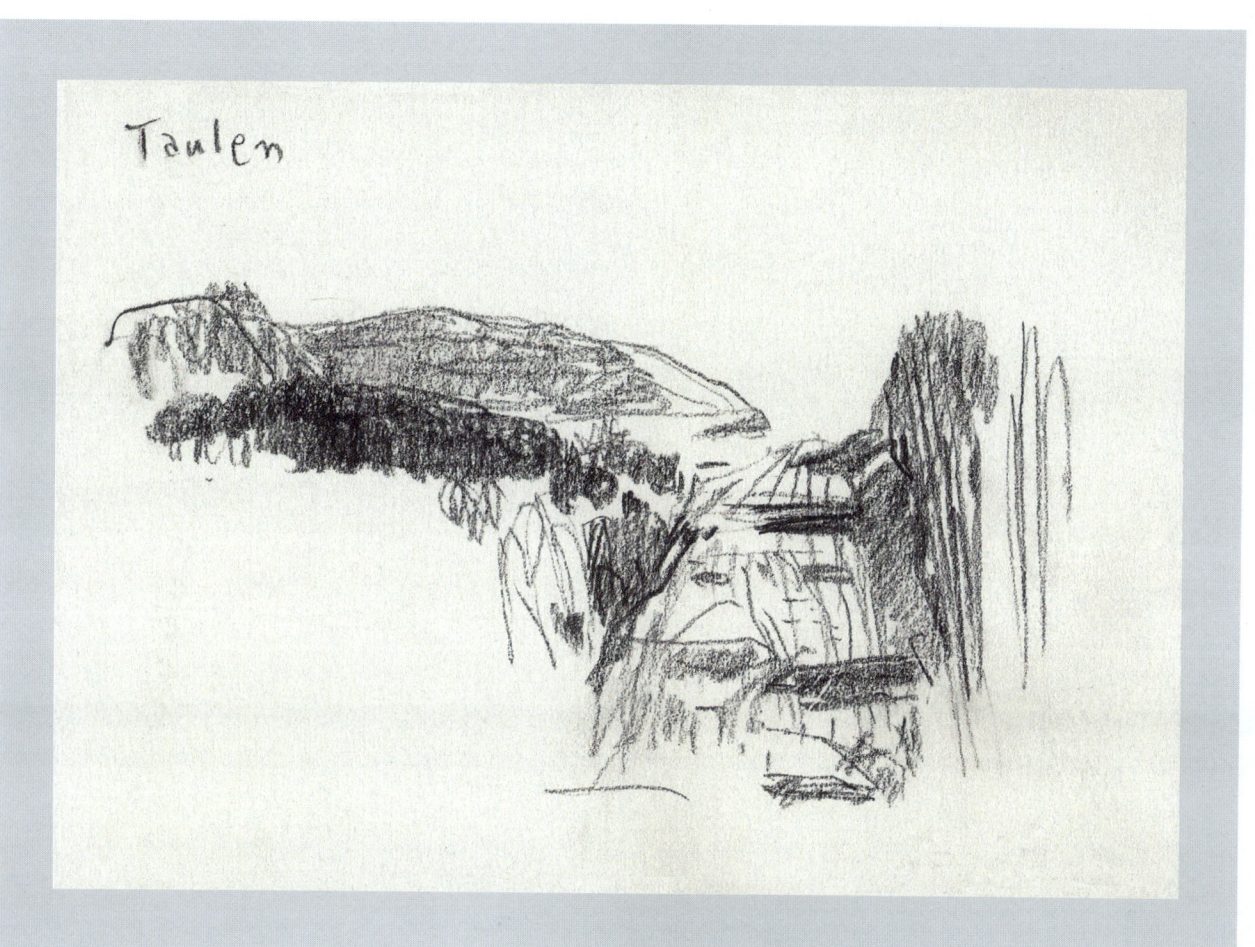

Taulen

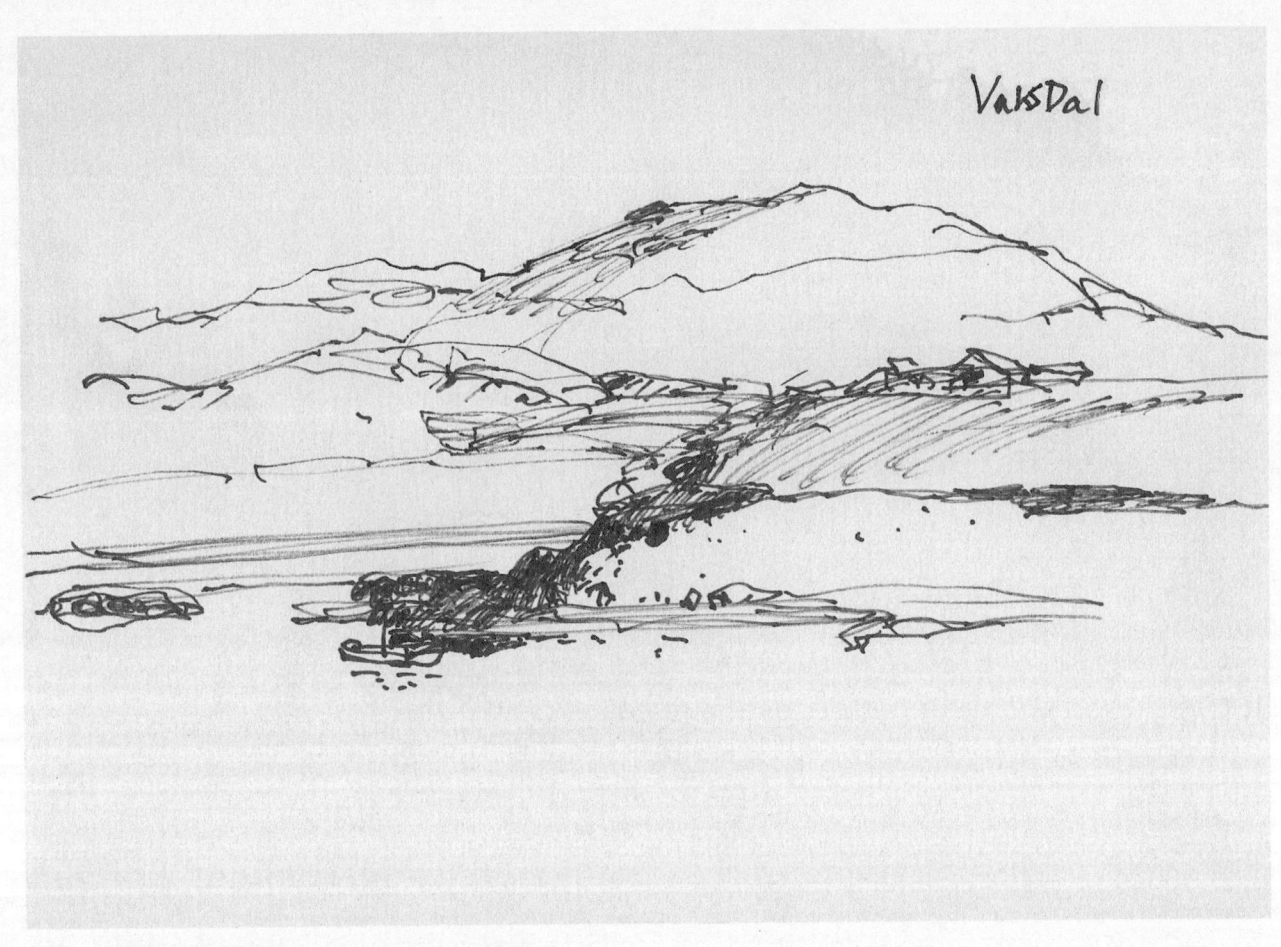

봐스달 – 피요르드를 向하면서 고즈넉한 호수에서 잠깐 스케치를 하고.

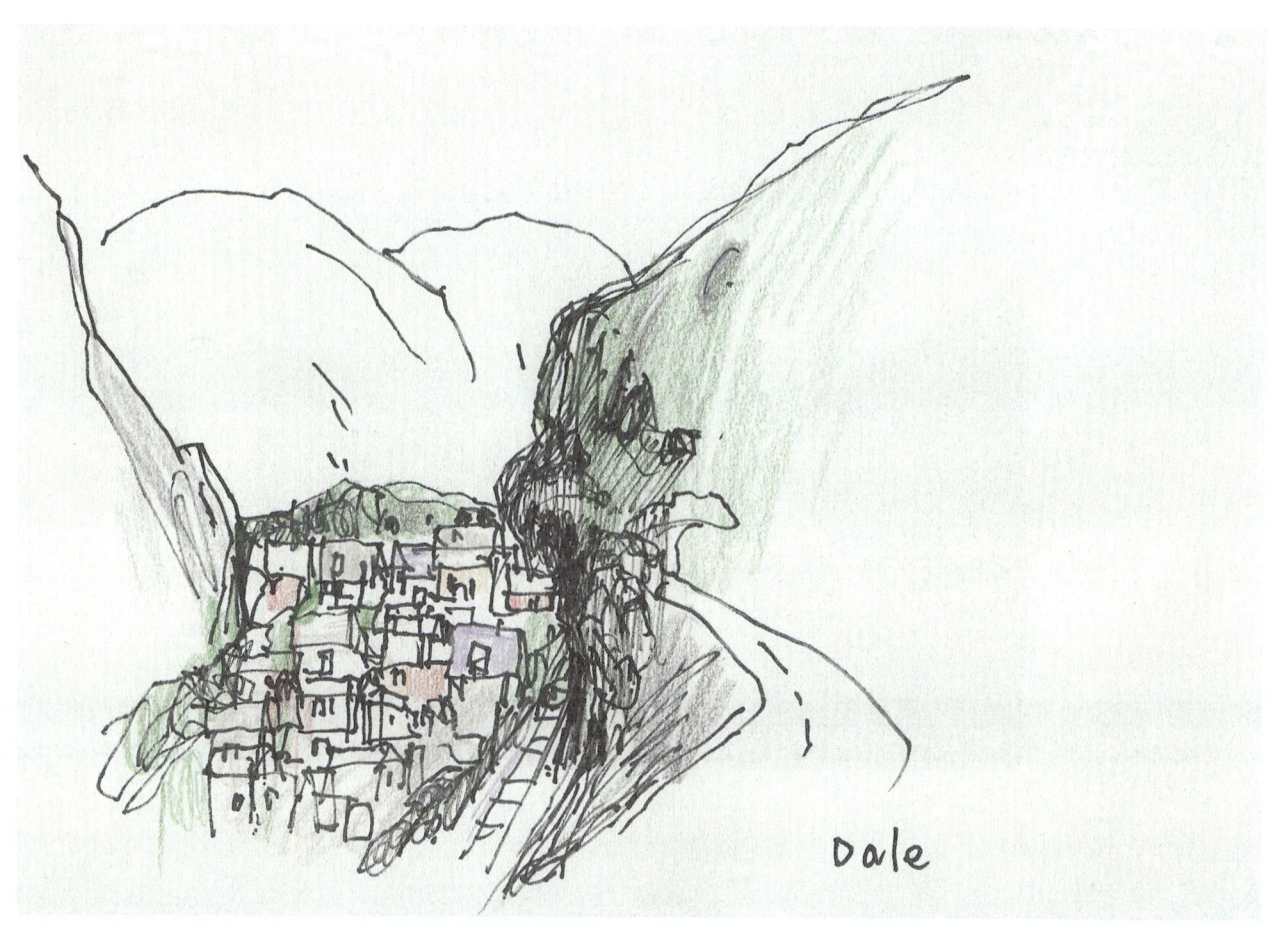

Dale

달레 – 협곡사이로 만들어진 조그마한 도시는 탄광촌처럼 보이는 집들의 풍경이 이채롭다.

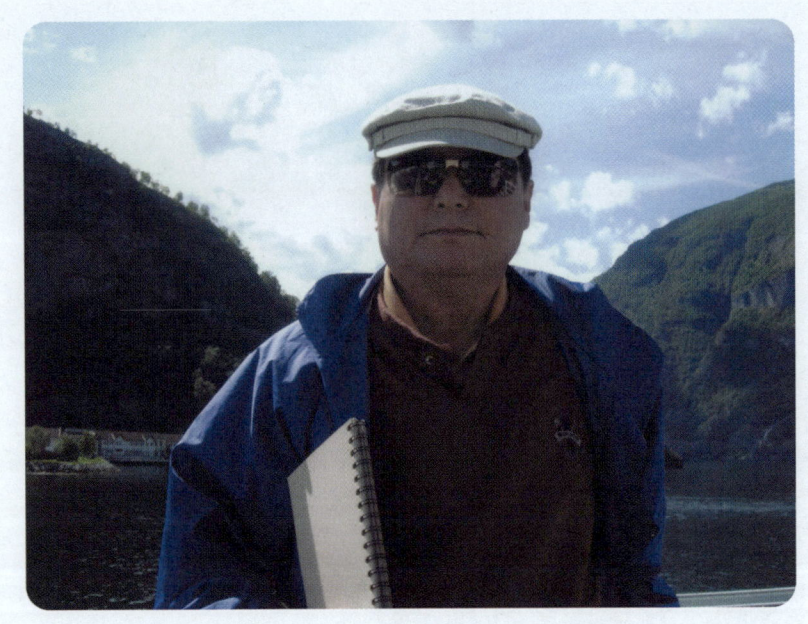

송네 피요르드 유람선에서

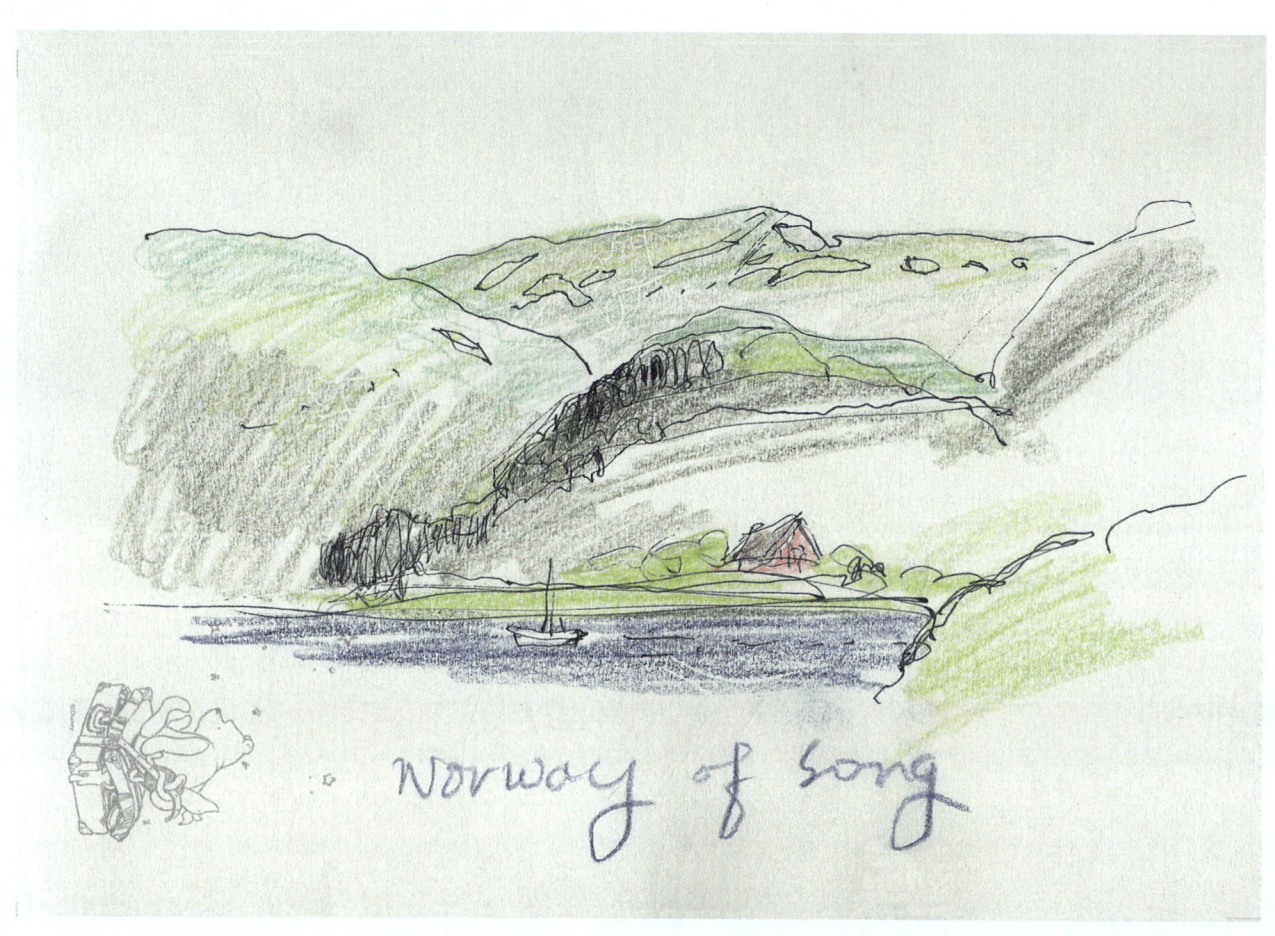

Norway – 솔베이지의 노래가 코에서 절로 나오고 나는 흥겹도록 스케치를 하고.

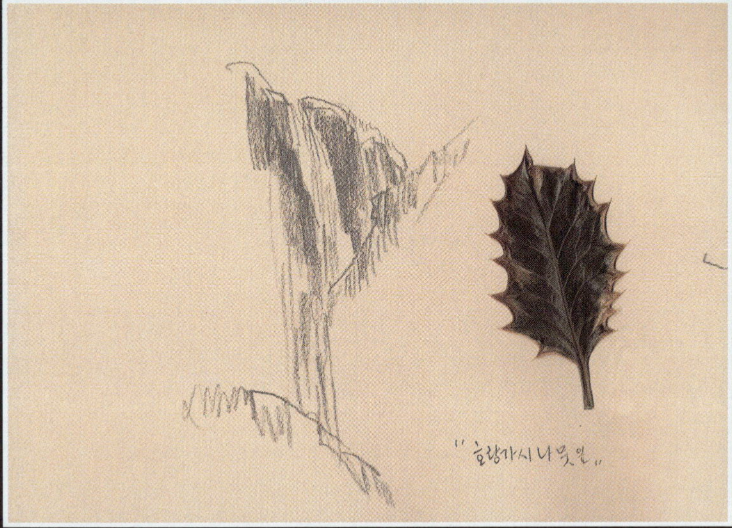

" 호랑가시나뭇잎 "

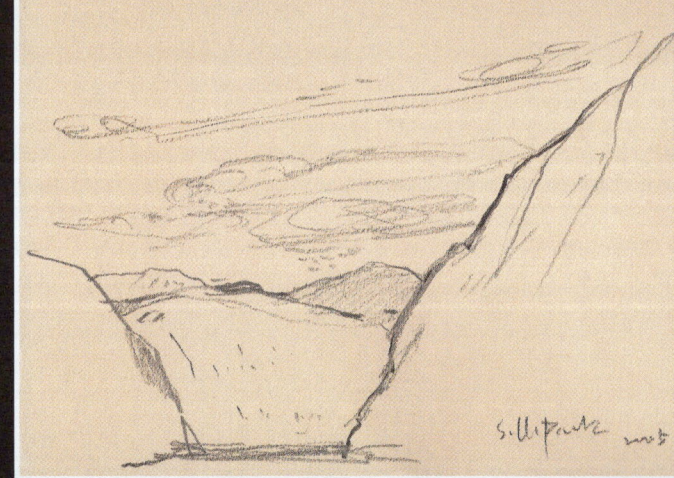

S.Chipark 2005

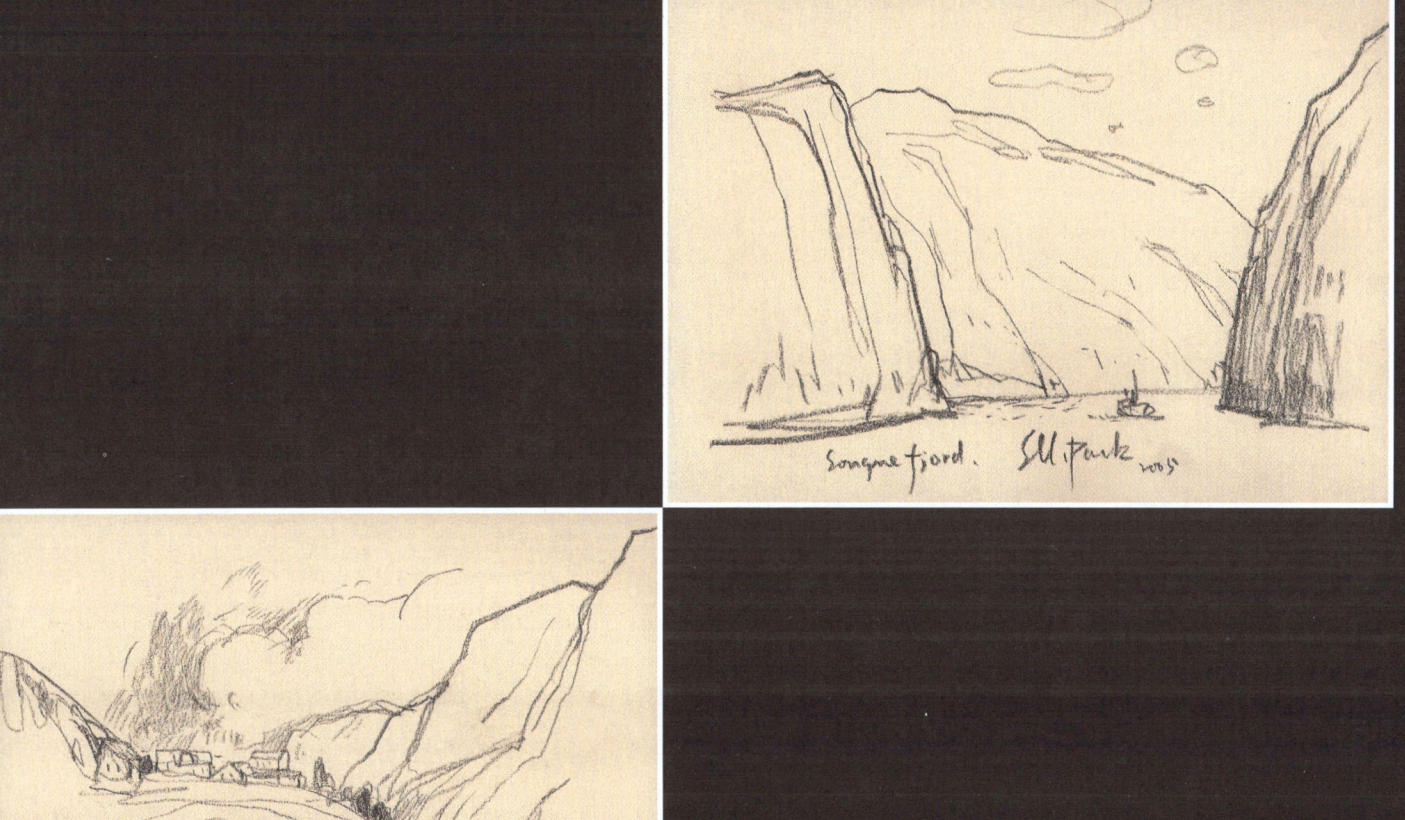

Songne fjord. SU.Park 2005

우드발엔 SU.Park 2005

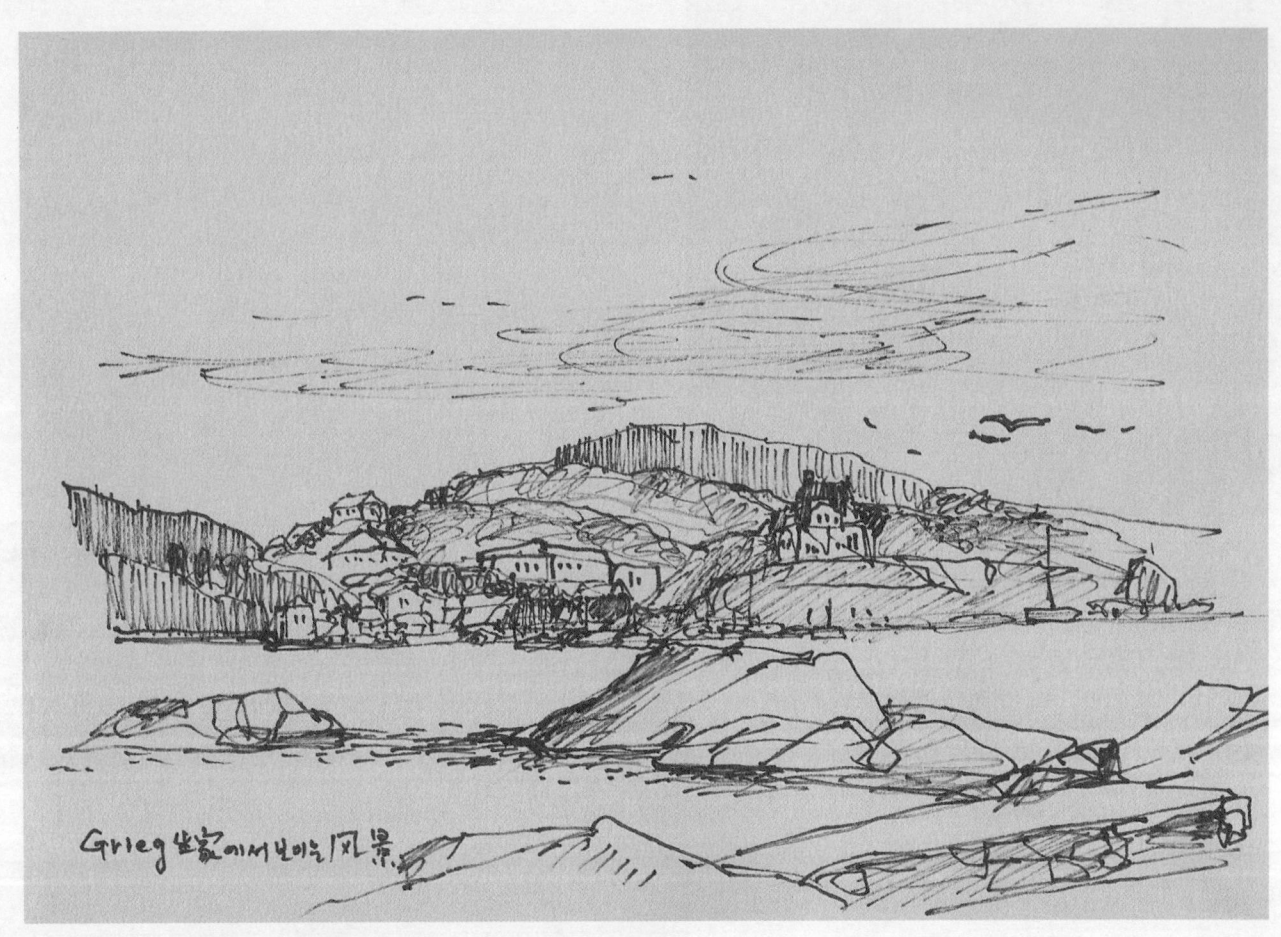

베르겐 – 그리그 생가에서 보는 베르겐만.

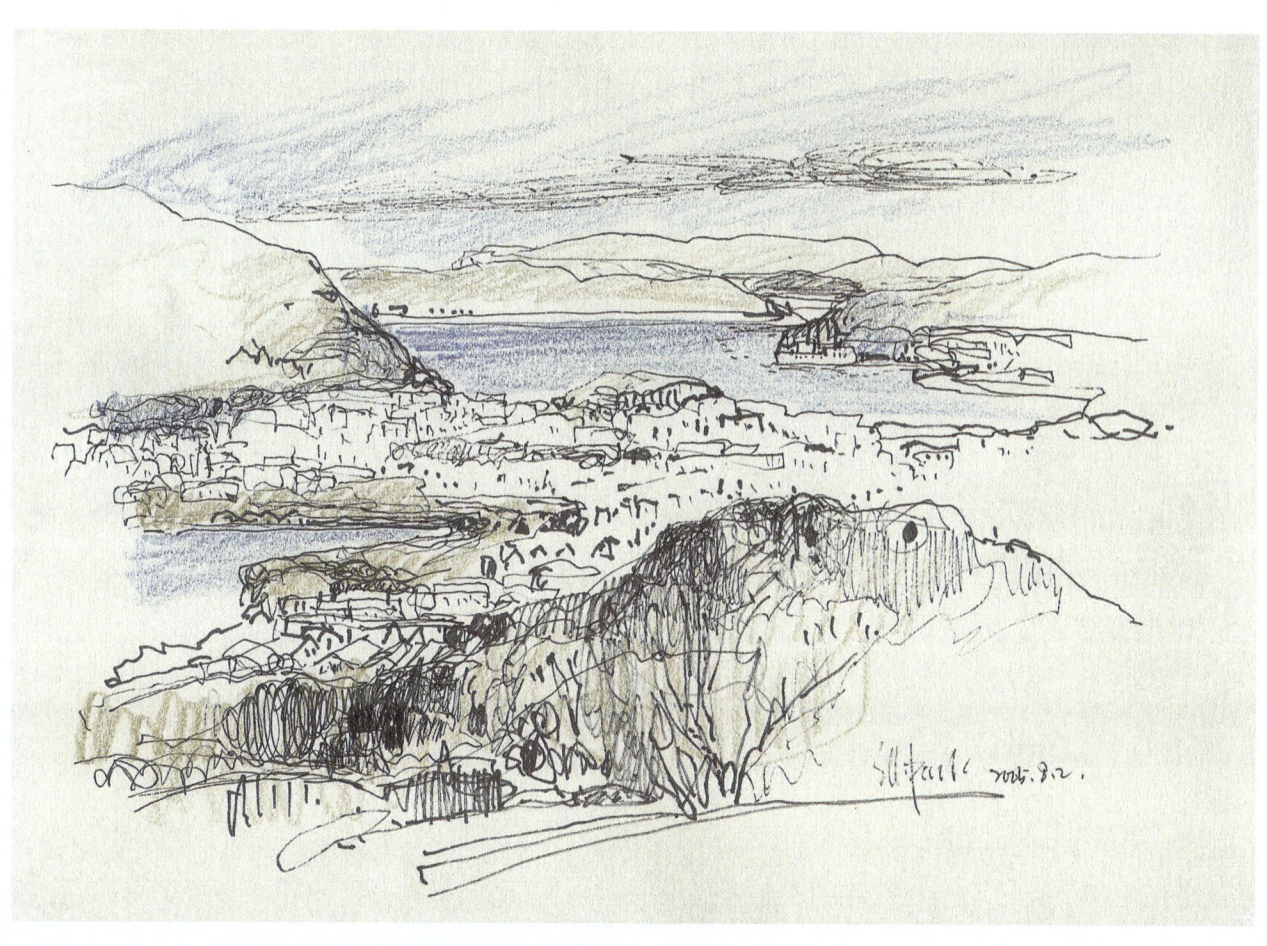

베르겐 – 산정에서 본 항구는 푸른 피요르드가 마음을 꽉 잡는다.

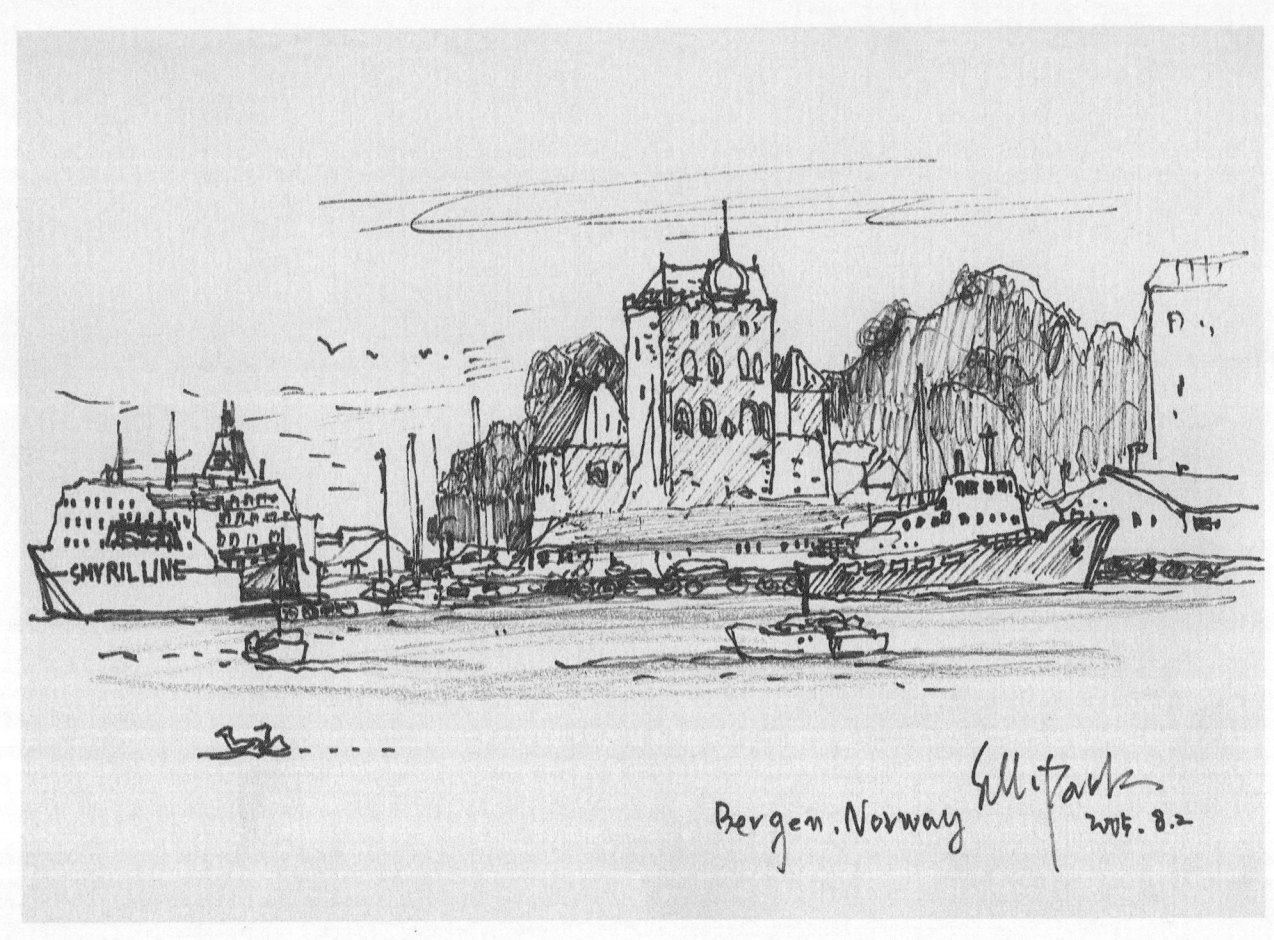

Bergen. Norway 2005. 8.2

베르겐 – 항구의 아침이 고요하여 호수와도 같이 잔잔하기 그지없다.

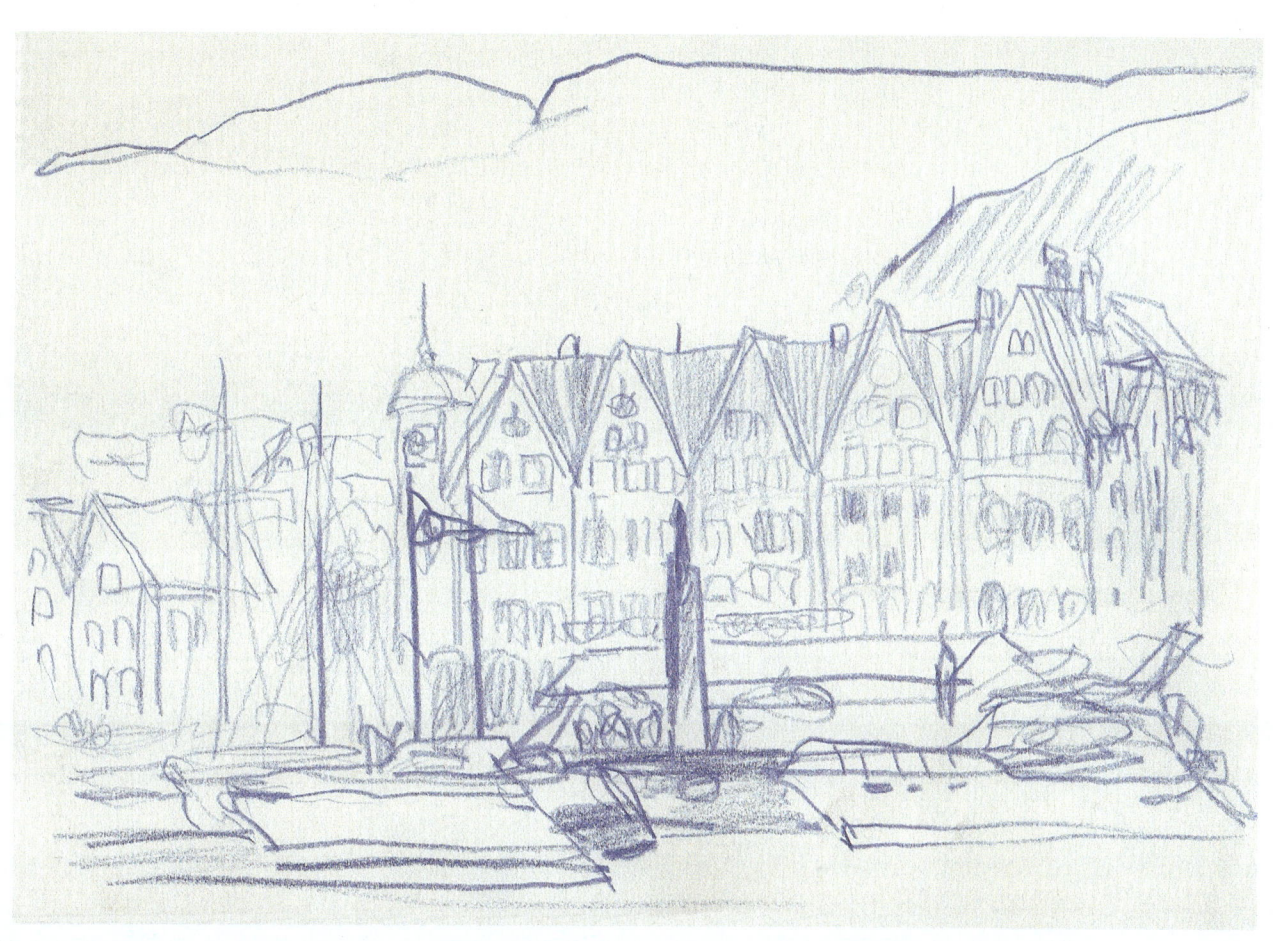

베르겐 – 한자동맹 중심지였던 교역의 거리.

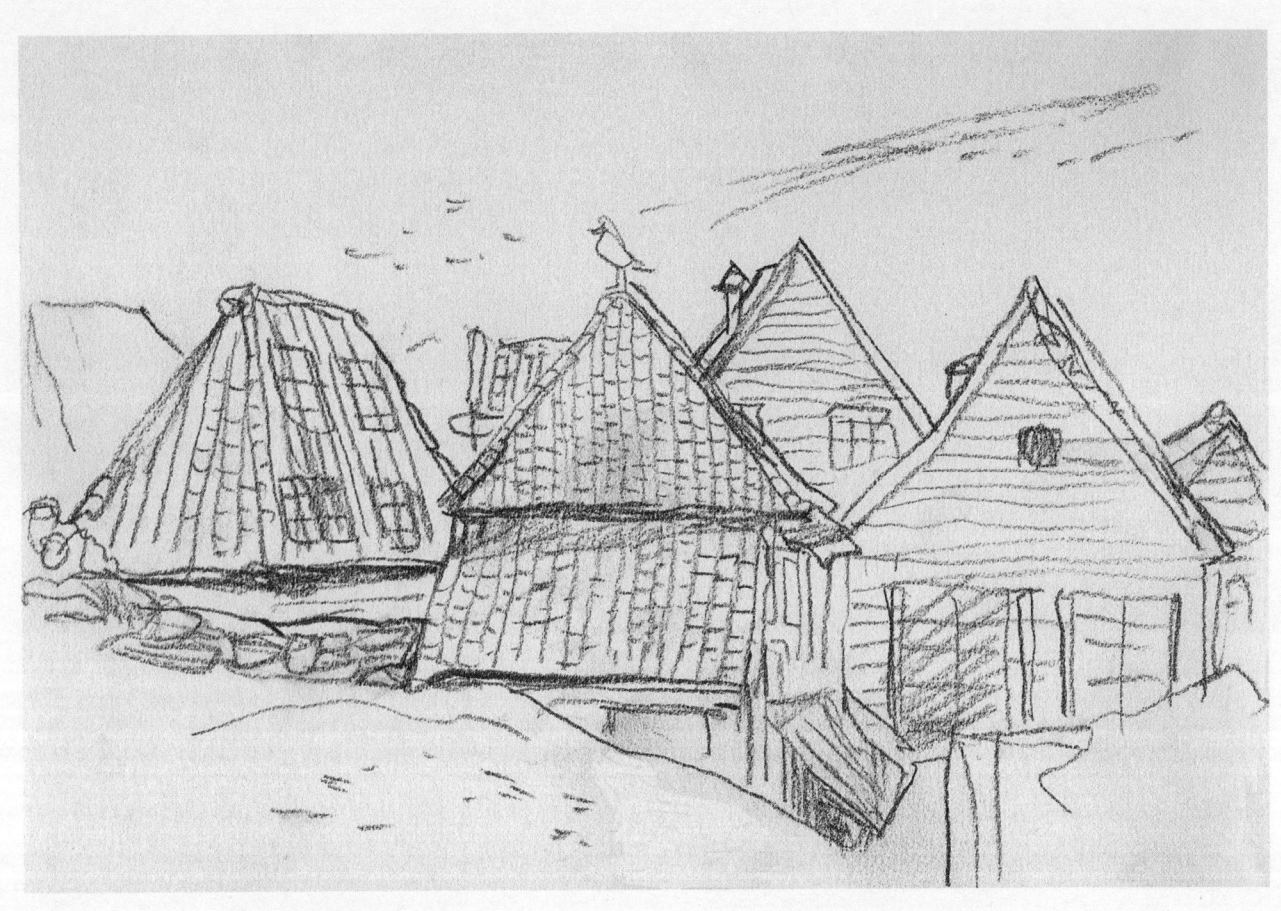

베르겐 – 한자의 문화유산. 지붕이 이채로운 고딕풍이다.
유네스코 문화유산으로 등록되어 있다.

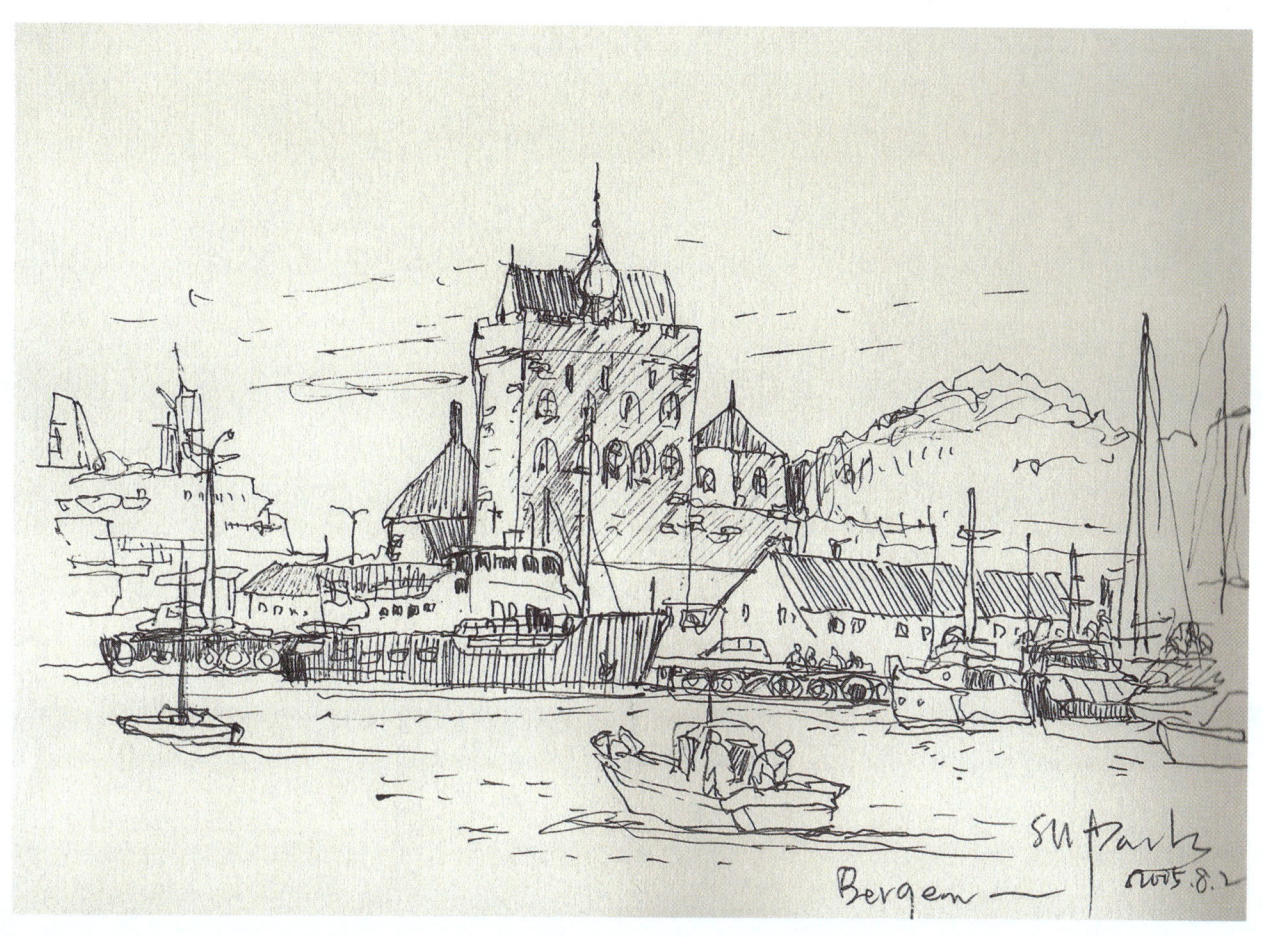

Bergen — 노르웨이의 옛날 수도였던 베르겐은 피요르드 여행이 시작되는 곳이다.

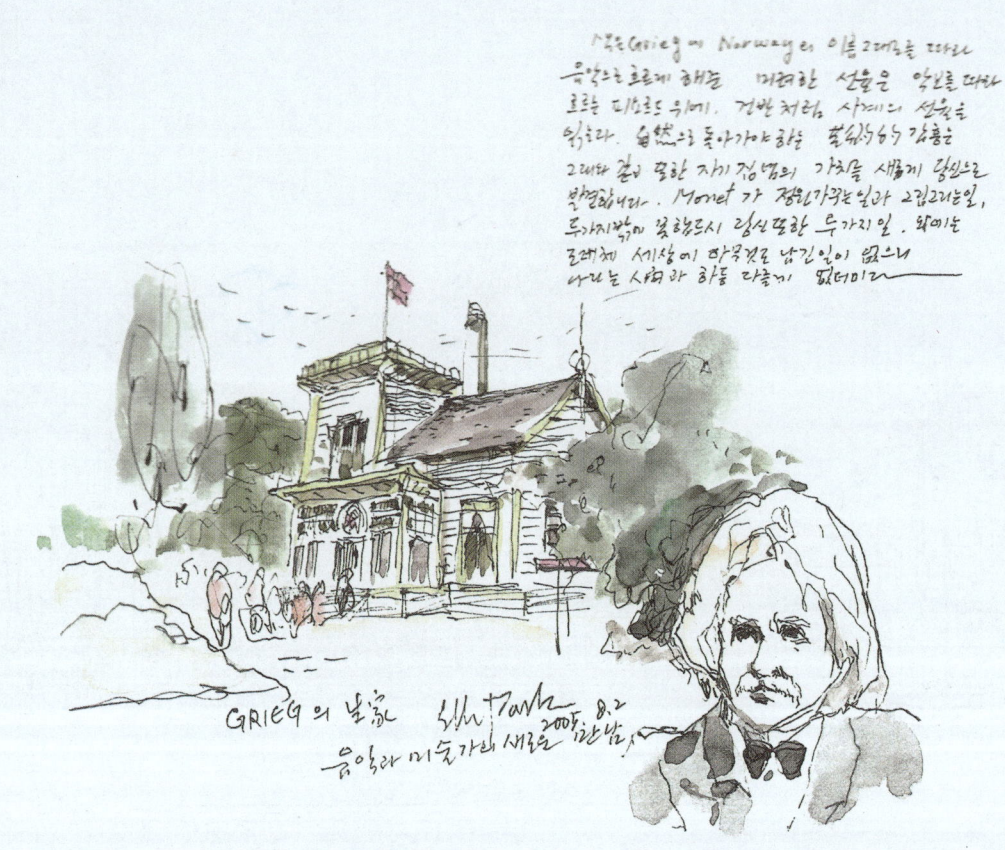

음악을 Grieg 에 Norway의 이름그대를 따라
음악으로 흐르게 해놓 피련한 선율은 악보를 떠나
흐르는 디므르도 위에. 경반 처럼 사이의 선율을
읽으라. 自然으로 돌아가며 하는 黃의2여4 감흥을
그대가 결이 못한 자기 점입의 가치를 새롭게 당신으로
발견해내라. Monet 가 정한가격놈일과 그림그리는일,
두가지밖에 몰 항분드시 링신또한 두가지 일. 왁예는
글래졌 세상에 하목걸로 남긴일이 없으니
나리는 사람과 하들 다름게 있더미라

GRIEG 의 남흡
음악과 미슬가와 새로운 만남 2009년 8.2

베르겐 – 그리그의 생가를 방문했는데.... 작고 볼품없는 그는 노르웨이의 가장 위대한 국민음악가였다.

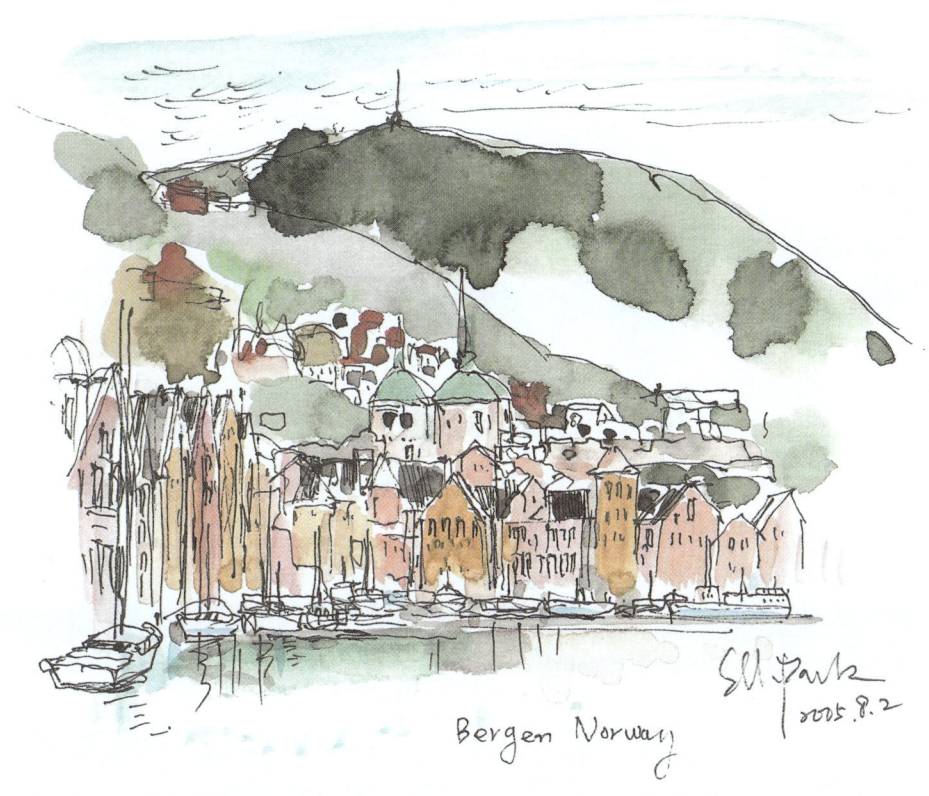

Bergen Norway
2005. 8. 2

베르겐 – 항구는 정말 아름답고 그 자태가 단아하다.

121

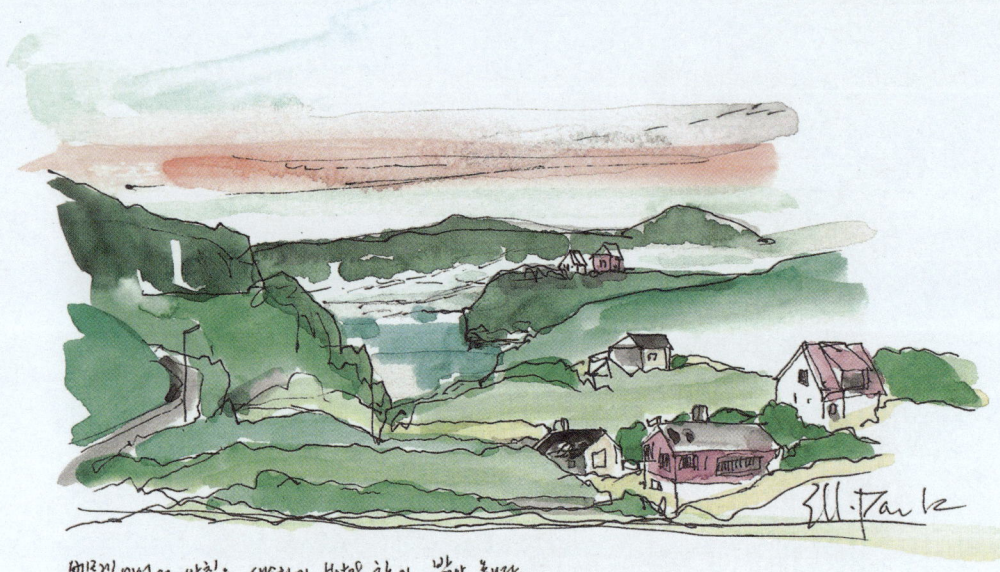

베르겐에서의 아침은 새로마기 Hotel 창이 밝아 옵니다.
싱그러운 아침빛 햇살이 간목 내려려져 우리집 마당에 떨어지듯 합니다.
언제 육천인가 이런 아침이 그립고, 이슬 깨끗히 푸른이 보고싶어 적었드네다.
한두쳐로 대오르던 묵안개가 햇살에 부서집니다. 베르겐, 솔베이지의 노래를 작곡한 "그리그"의 고향 입네다
그리고 음악처럼 흐르는 숲의 정정이 바아들 다라 빠르게 움직입네다.
낯선 이곳 Bergen 에서 대방 준비를 해야 합네다. 또 곳으로 가야합네다.
유리의 울레에 닮힌 사빙이 부고합습네다.   2005. 8.2   Bergen Edvard Grieg Hotel 에서

Norway - 베르겐

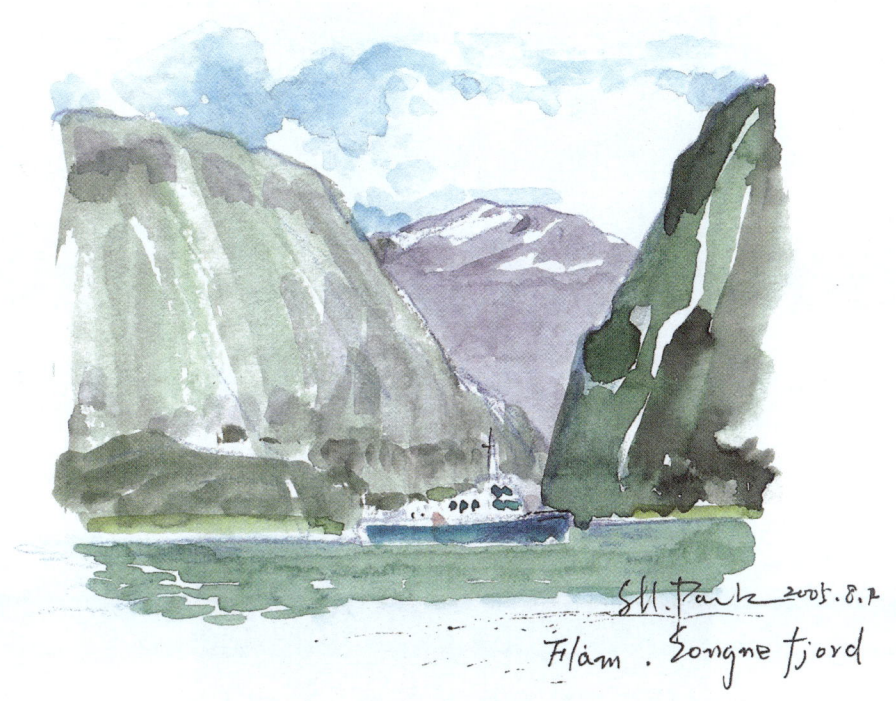

SH. Park 2005. 8. 7
Flåm . Songne fjord

송네피요르드 – 노르웨이에서 가장 아름다운 피요르드
　　　　　　내가 생각해도 예쁘게 잘 그려졌는데...

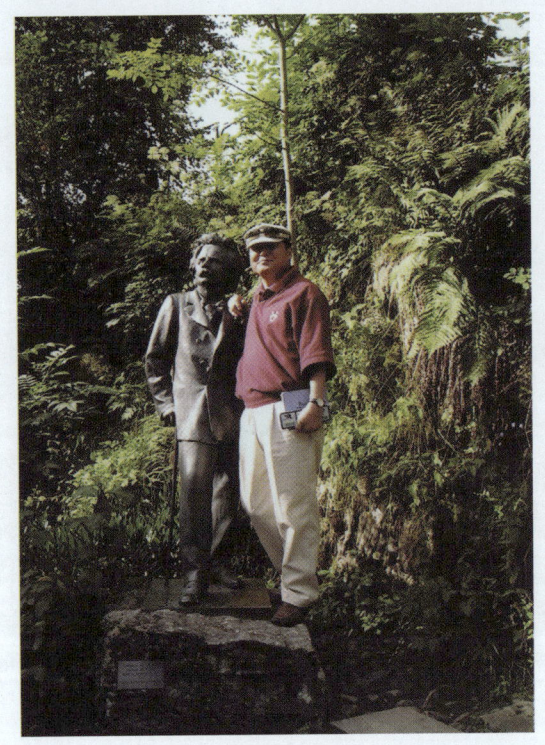

그리그 생가에서의 포즈

5

덴마크 | *Danmark*

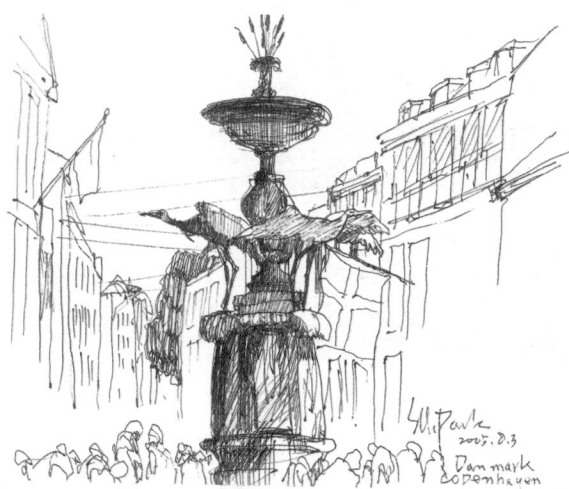

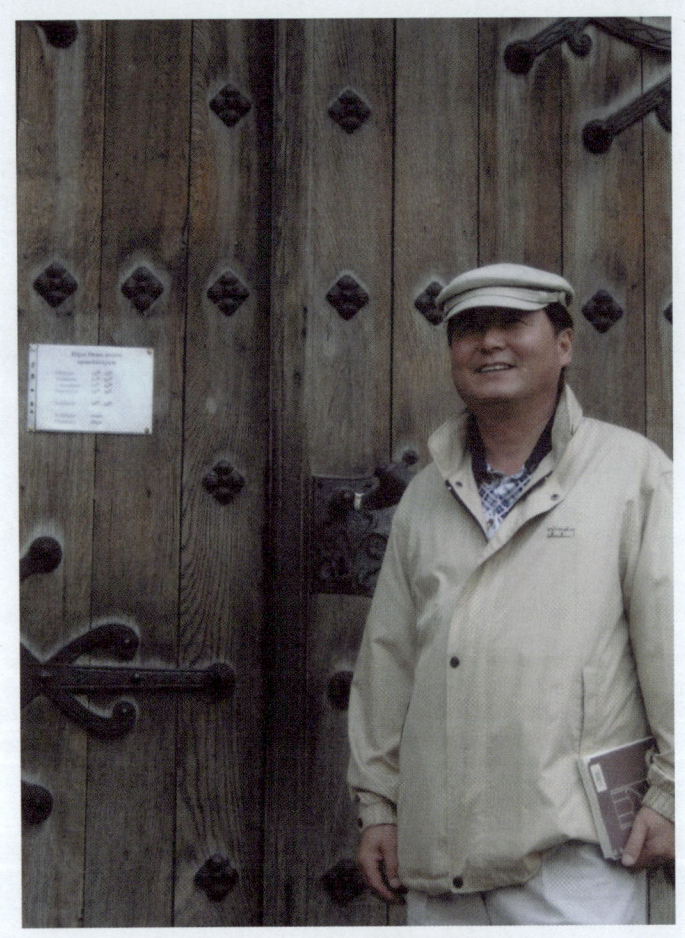

덴마크에서 닫힌 문처럼 스케치를 종료한다.

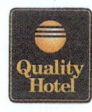

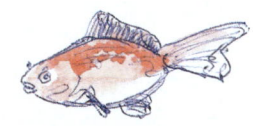

Høje 리방으로 저녁 10시가 넘어 들어 오니 Station 역 창으로
방을 배정 받았다. 서점책과 남은 라면을 끊여 먹고 커피까지 먹으니
잠들것하게 무리있것 같아 MBC로 Canmel을 돌리니 토론토에서 Air France
가 추락한 사건 보도를 하고 있었다. 3백여명의 사상자를 낸 대한
참사가 보도되고 있는데 몇년전 파리 에서의 콩코드기 추락 사건이
생각난다. 그래서 파리에 여행 중이 있는데 건너 검표이 강화된
공항에서 힘들었던게 생각난다.
덴마크는 사람이 만든 도시 작고 모르게 사람의 힘으로 만들어진
"딸가스" 의 국가 이다. 도로는 지반 보다 낮게 만들어 비상시 수로 역할을
하수 있는 수로 양면 고속강으로 무척 지혜스러운 시내의 땅에 대한
가지지 가능성을 보여주는 단면이다. 자운 국토를 효과적으로 쓰고 있는
이나라의 대한 탐욕심은 항공을 떠난 잠은 아름다움이라.
새벽까지 기차 지나가는 소리가 매우 시끄러워, 커피믹 마신 밤도 더 매우
쉬었었었한다. 손이 박무데는 눈에 모이는 Høje 딱에 정차된 유선형
방반 역차가. 장난감 처럼 예쁜다.
하늘에 뜻은 구름이 젓빛으로 갈려 Denmark 의 하늘을 또다시 떠나는
날로 시간을 만들어 본다.

2005. 8.3

SM.Park 2005. 8.3
KØBENHAVN , DENMARK

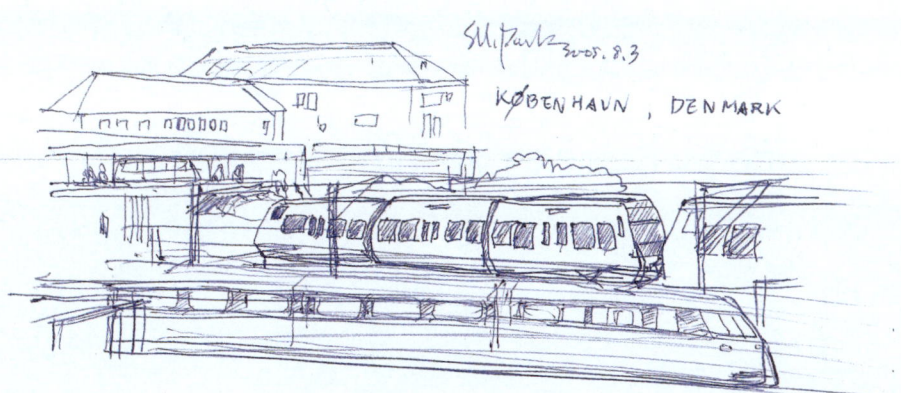

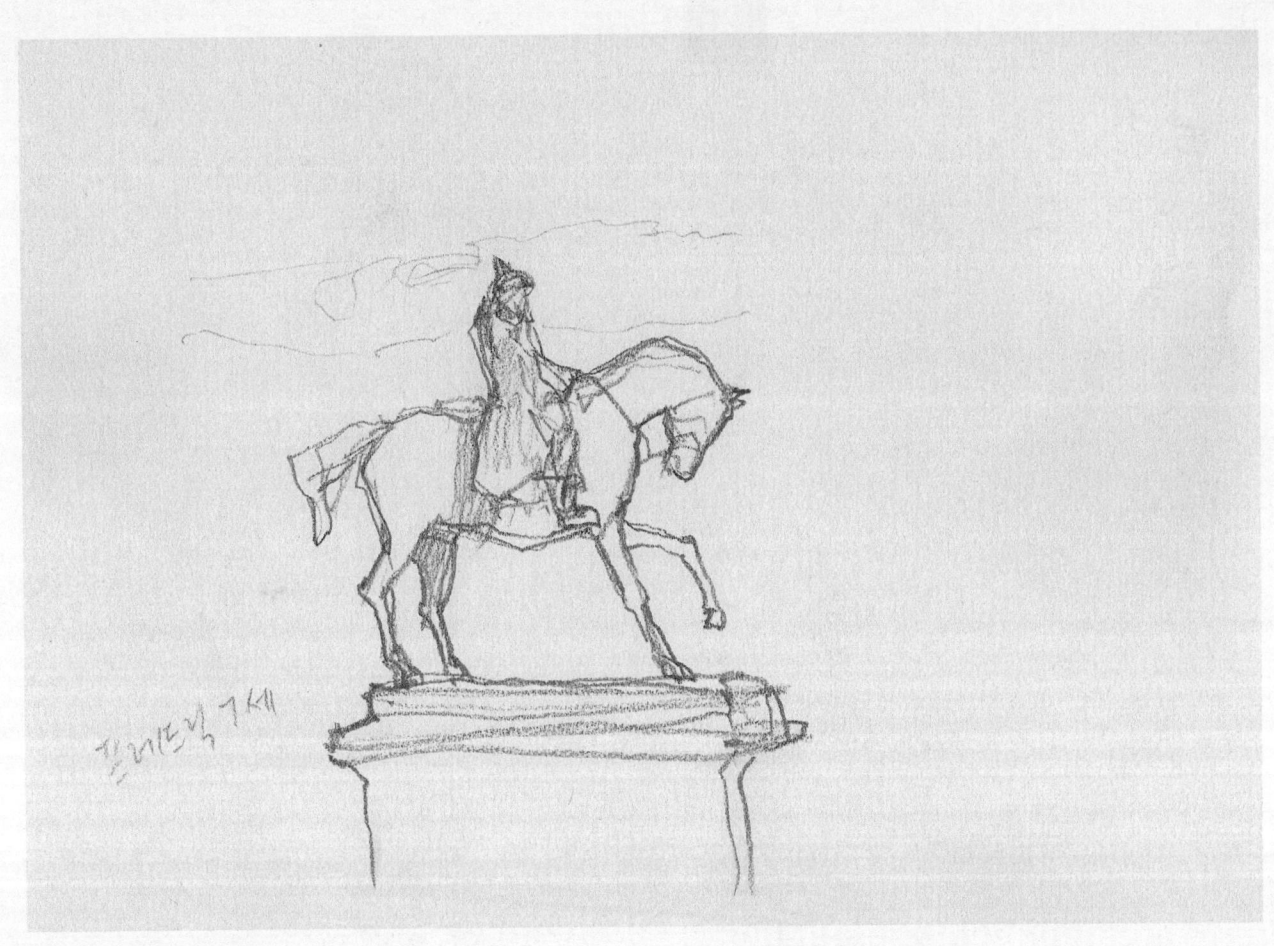

코펜하겐 – 프레드릭 7세의 기마상.

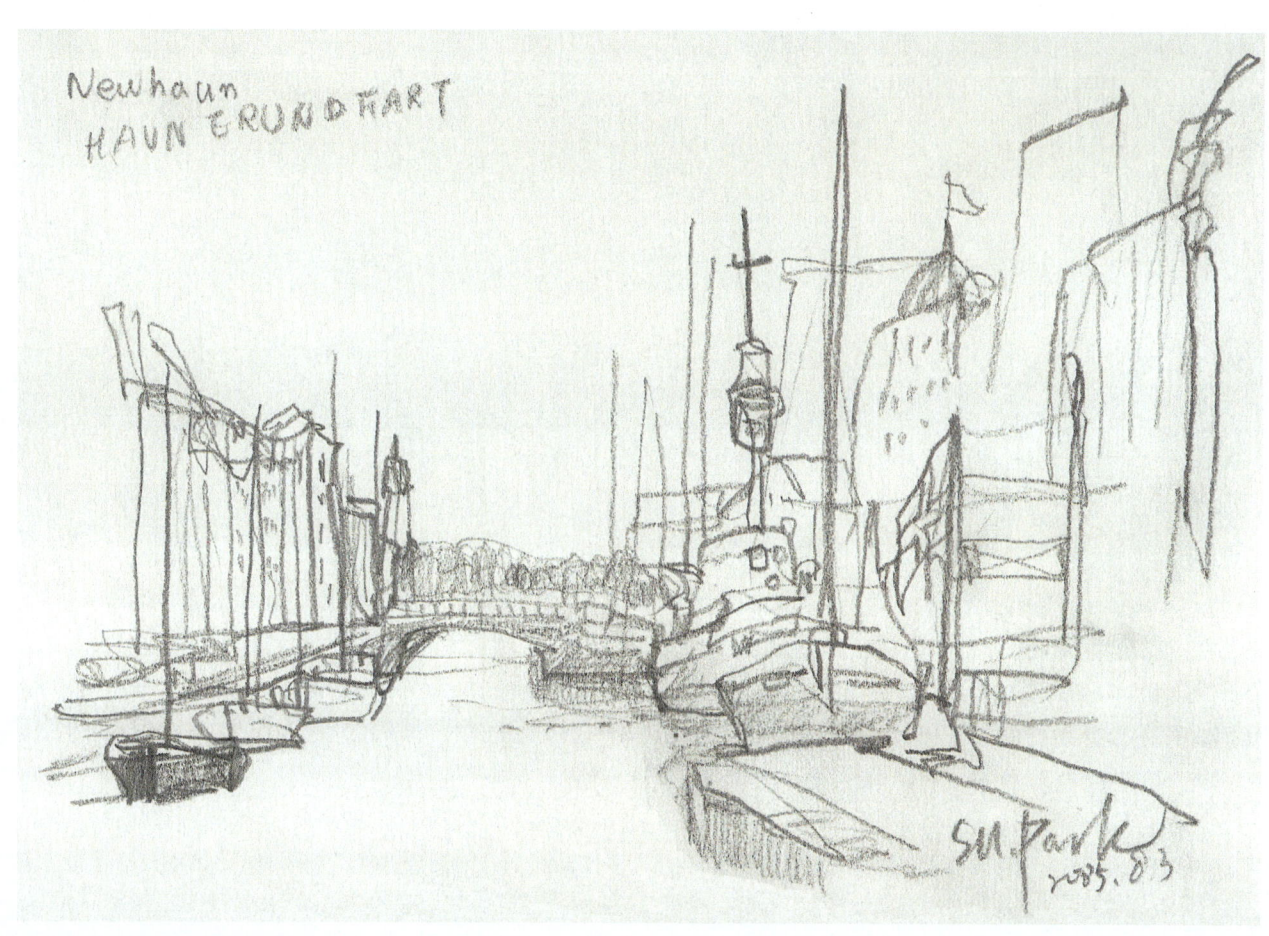

코펜하겐 – 뉴하운에서 속필로 한 스케치.
　　　　 연필선이 흥겨웠다.

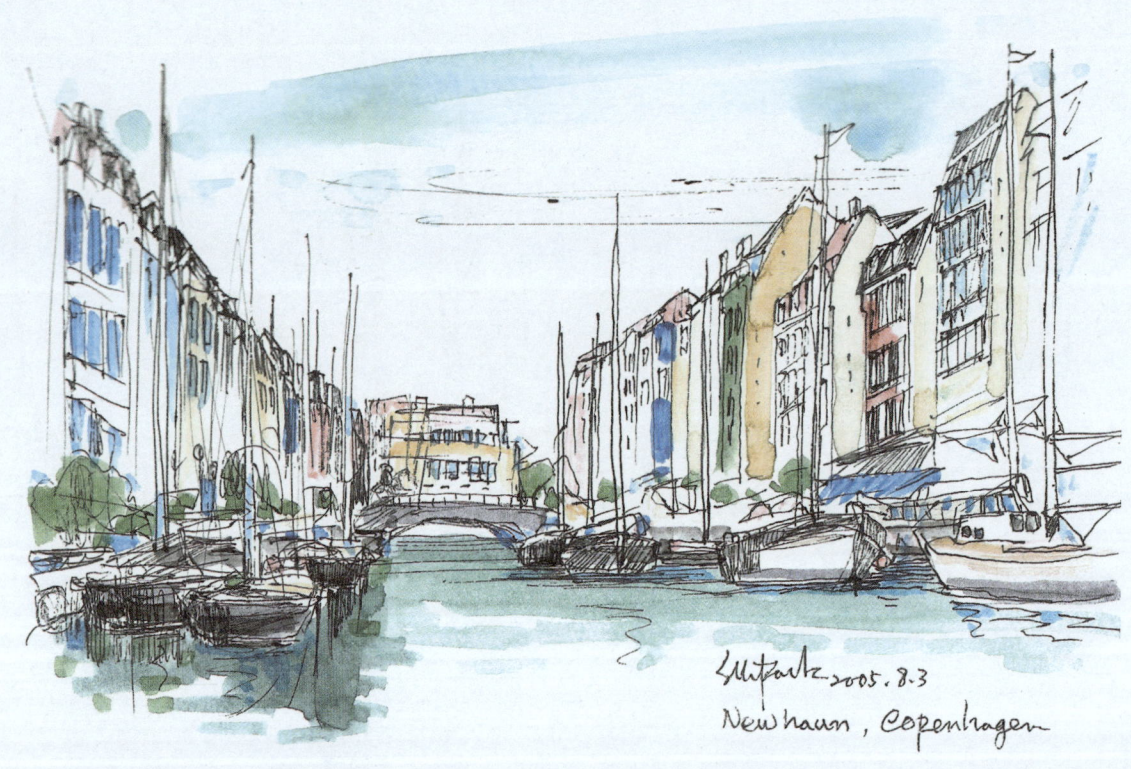

Ellikark 2005. 8.3
Newhaun , Copenhagen

코펜하겐 - 뉴하운의 운하는 그 색깔의 조화가 그림처럼 아름답다.

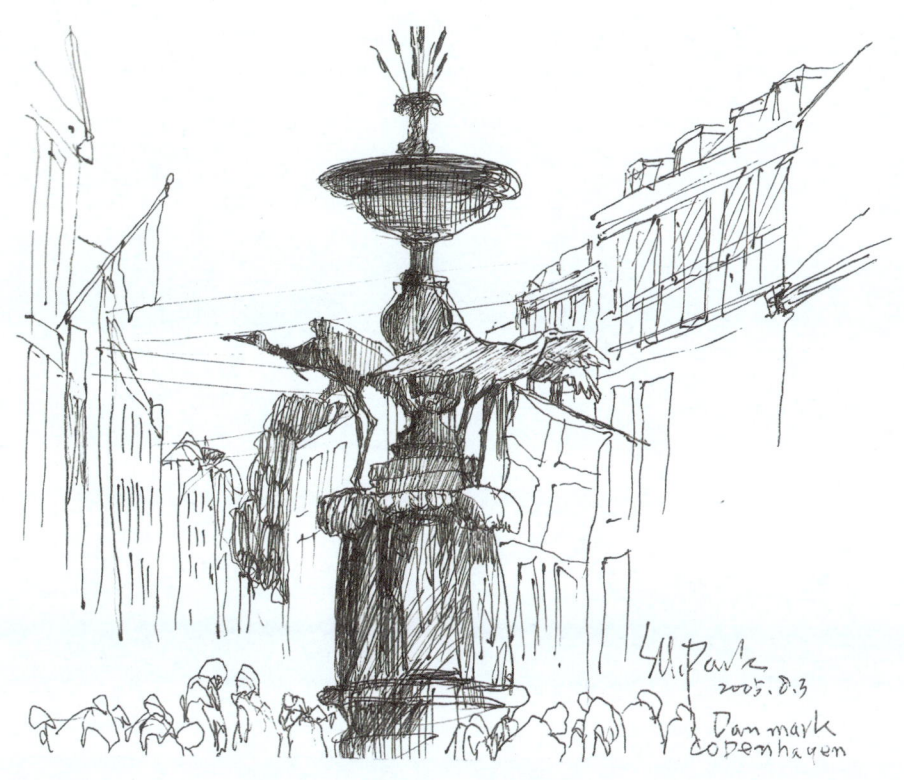

Danmark − 코펜하겐의 중심가에 인파가 북적이고.

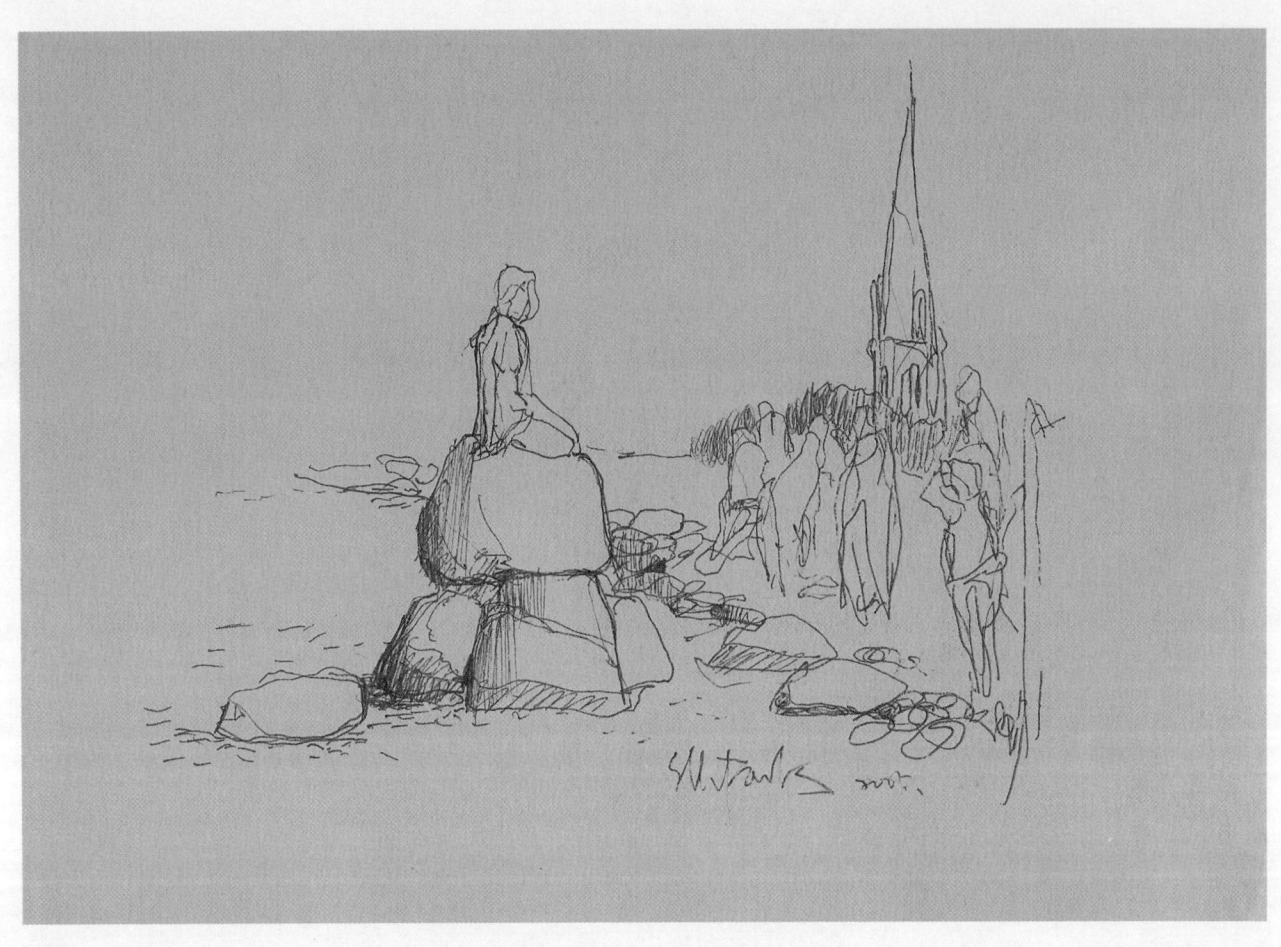

코펜하겐 – 바위 위에 볼품없이 앉아 있는 인어 아가씨는 작품으로는 정말 썰렁함이 나를 당혹케 한다.

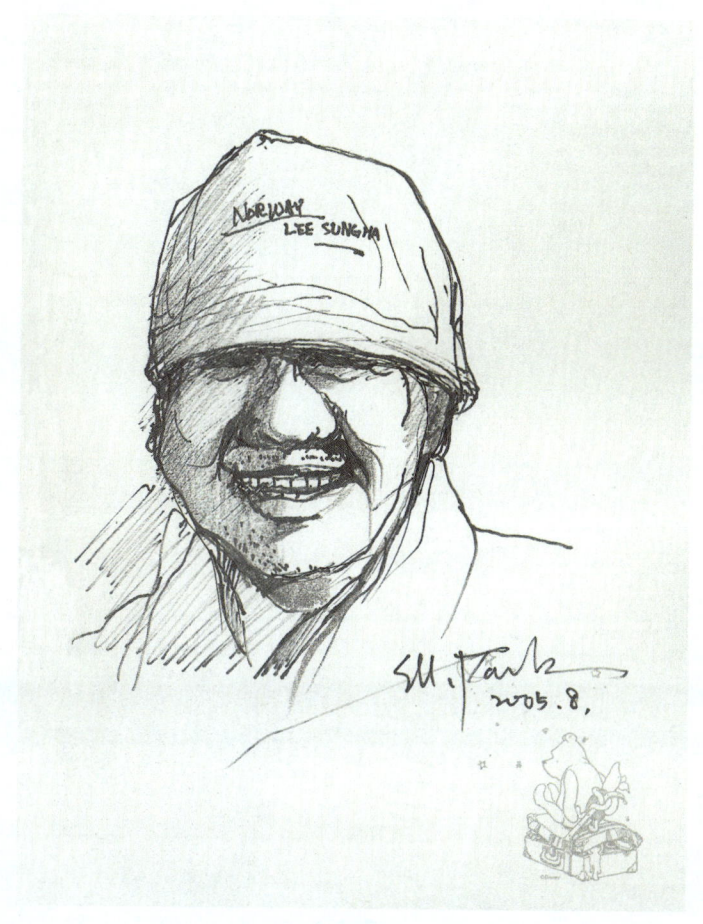

친구처럼 나를 좋아하는 여행사 대표 이성하氏.

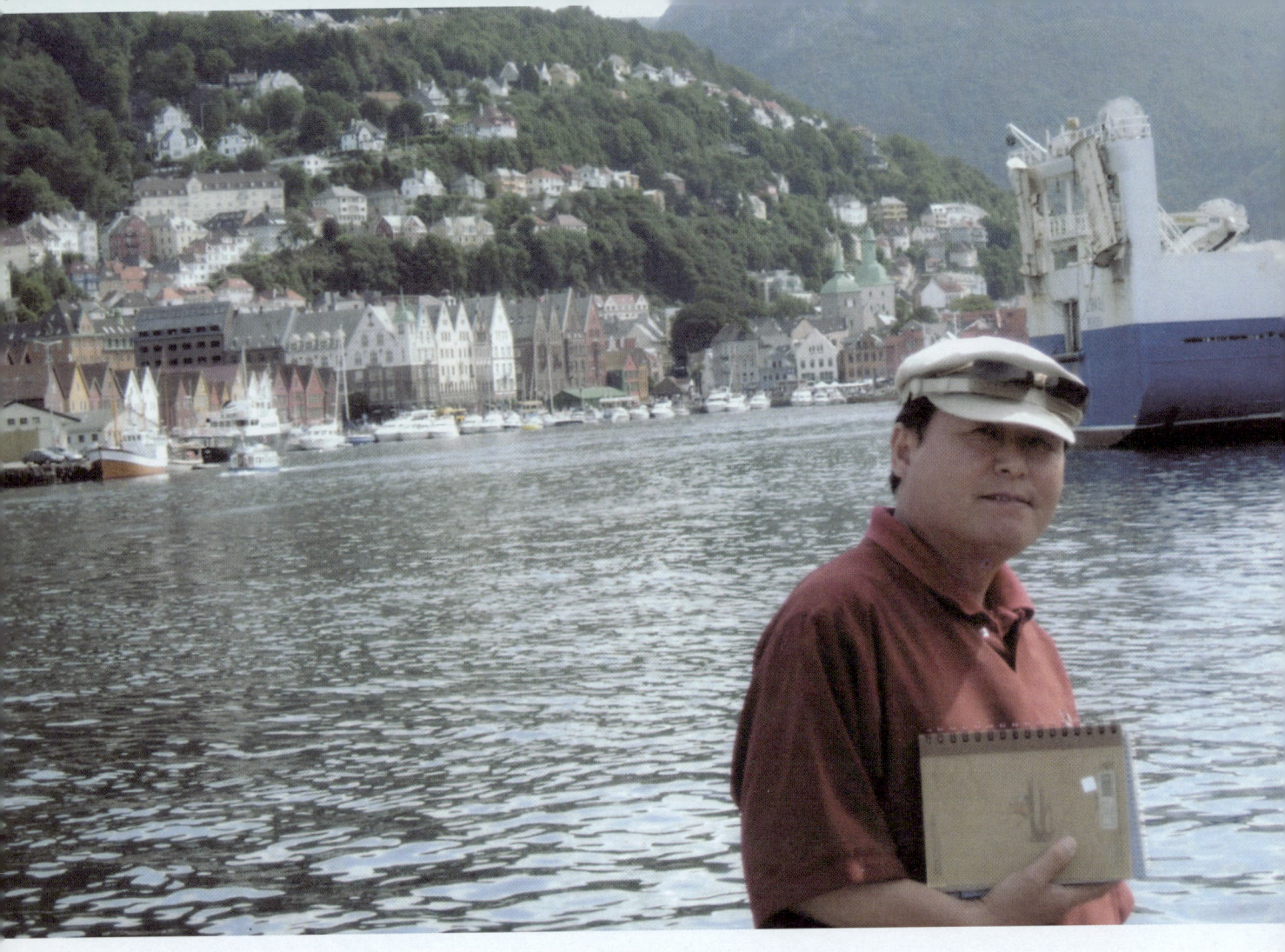

- Bergen에서 -

편집후기　세계 각국의 여행스케치를 다니기 시작한지 20여년이 흘러버렸다.
처음 유럽으로 갔을 때부터 느꼈던 문화의 충격이 내 입을 다물게 하였고,
나는 말없이 그 충격을 스케치로 옮겨 왔다.
스페인으로, 아프리카의 킬리만자로에서 이집트로, 남미의 브라질 정글, 페루
의 마츄픽츄, 안데스, 아마존, 카나다의 록키.
아! 가슴이 떨리던 스케치가 책으로 만들어진다.
여기에는 두번째로 여행했던 곳의 한눈 팔지 않은 진정한 즐거움의 스케치가
실려져 있다.

박성현

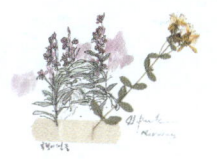

박성현

1953년생.
홍익대학교 미술대학, 대학원 졸업.
개인전 13회(서울, 목포, 파리, 토쿄)
그룹전 및 초대전(400여회)
현재 – 경기대학교 예술대학 미술학부 교수.
주소 – 수원시 장안구 조원동 한일타운
　　　우성APT
Tel – 017-335-4787

Park, Sung-Hyun

Born, 1953
Graduated from Dept. of Art College, Hongik University
& Hongik Graduate School of Art.
Private Exhibition 13 times(Seoul, Mokpo, Paris, Tokyo)
Group Exhibitions & Invited Exhibition(400 odd times)
Present – Professor of Fine arts division, Kyonggi
　　　　　University.
Adress – Haniltown Woosung Apt, Jangan-Ku, Suwon,
　　　　　Gyeong Gi, R.O.K.
Phone – 017-335-4787(M)

발트해 연안국가 – 박성현의
러시아 · 발트 3국 · 스칸디나비아 3국스케치

발트海의 하얀밤

ⓒ 박성현, 2006.

1쇄 찍음 | 2006년 4월 20일
1쇄 펴냄 | 2006년 4월 25일

지은이 | 박성현
펴낸이 | 노정자
펴낸곳 | 고요아침

기획 | 이지엽
편집장 | 김창일
편집 | 김상훈, 정상민
영업팀장 | 홍성권

출판등록 | 2002년 8월 1일 제1-3094호
주소 | 120-814 서울시 서대문구 북가좌동 328-2 동화빌라 101호
대표전화 | 302-3144, 3194~5 팩스 302-3198
e-mail | goyoachim@hanmail.net
ISBN 89-91535-95-X (04980)
ISBN 89-91535-94-1(세트)
값 10,000원